纺织服装教育“十四五”部委级规划教材

服饰图案

吴蓉 陆小彪 著

東華大學出版社
·上海·

图书在版编目（CIP）数据

服饰图案 / 吴蓉, 陆小彪著. — 上海 : 东华大学出版社, 2023.1
ISBN 978-7-5669-2160-4

Ⅰ. ①服… Ⅱ. ①吴… ②陆… Ⅲ. ①服饰图案 – 图案设计
Ⅳ. ①TS941.2

中国版本图书馆CIP数据核字(2022)第242393号

责任编辑：张 静
版式设计：魏依东
封面设计：唐 蕾

出 版：东华大学出版社（上海市延安西路1882号，200051）
本社网址：http://dhupress.dhu.edu.cn
天猫旗舰店：http://dhdx.tmall.com
营销中心：021-62193056 62373056 62379558
印 刷：苏州工业园区美柯乐制版印务有限责任公司
开 本：889 mmx1194 mm 1/16 印张 7
字 数：246 千字
版 次：2023年1月第1版
印 次：2024年1月第2次印刷
书 号：ISBN 978-7-5669-2160-4
定 价：59.00元

序

本书以中国古代各时期服饰图案发展为切入点，通过优秀的传统服饰图案实例印证中国古代纺织服装纹样的演变,同时介绍了中国服饰图案与其他国家不同时期服饰图案的相互影响，并通过意大利、法国等仿中国丝绸的故事与纺织品图案实例，讨论“丝绸之路”对世界各国的影响。对于这些内容的了解和学习，有助于传播中国传统优秀文化，增强学生的文化自信和专业知识能力。在本书的筹备、编写及制作过程中，作者感受颇多，现在就如何成为一名优秀的服饰图案设计师略谈几点，这也体现了本书的主要内容。

一、熟知服饰图案的历史文化，了解各地风俗民情

服饰图案是在特定的历史背景和地理环境等因素下形成、发展和演变的，凝聚和浓缩了人类的文化审美内涵。服饰图案的审美取向在不同的历史文化环境中具有差异性，只有将其放置于相应的历史文化环境中加以认识，才能理解其真正含义。服饰图案设计取材广泛并具有普遍性，被各国的设计师相互借鉴使用。因各地的历史文化差异，设计师在进行服饰图案设计的过程中，应当尊重不同国家和地区的历史文化，合理运用具有地域性和民族性文化内涵的图案形象。每个民族都有自己的生活习惯、宗教信仰、伦理道德规范等，设计师对其必须保持尊重，并善于观察和分析。

二、了解艺术思潮，把握流行趋势

每种流行图案的诞生，都伴随着一次社会艺术思潮的兴起。各种艺术风潮对服饰图案的影响颇深，中西方美术史中出现的各种思潮和流派，几乎都通过服饰图案反映出来。此外，服饰作为一种生活用品，其图案流行趋势会影响消费者的接受程度，进而影响服装的销售，所以应时刻关注发布服饰图案流行趋势的各种渠道，及时把握服饰图案流行。

三、熟练各种服饰图案的表现技法

服饰图案设计特别应注重表现技法的学习，无论是手绘或利用计算机设计，都要熟练掌握各种表现技法，这样才能将美好的设计意图得以实现。通过设计实践训练活跃创作思维，丰富服饰图案的表现技法。

特别感谢安徽农业大学轻纺工程与艺术学院服装设计专业的师生们为本书提供了大量的优秀实践作品。希望本教材能够为服装行业的朋友提供理论与实践的帮助！

吴 蓉

前言

服饰图案是服装上继款式、材料和色彩后又一个重要的设计元素。本书突出理论与实践两方面的教学内容，涵盖服饰图案基础理论、服饰图案设计与表现、服饰图案与流行等方面。

本书理论部分首先介绍中西方服饰图案史。列举了各时期代表性的服饰纹样，并对中西方服饰纹样的形成、特点、色彩及发展变化进行分析，使图案史的脉络变得清晰，易于记忆；分析了传统与现代经典服饰图案，列举了服饰图案的形成工艺。

服饰图案的创作和应用离不开基础图案的学习。本书中，在服饰图案创作部分，列举了基础图案的写生、变化、组织形式，其主要目的是研究和解决基础图案知识，探讨图案的普遍规律，并辅以新颖的课堂练习案例。服饰图案设计与应用、服饰图案配色原理与步骤是服饰图案设计的重点，书中对服饰图案的设计理念和方法做了具体阐释。在服饰图案的设计表现方法部分，列举了十余种创意表现方法。此外，书中对计算机辅助绘制服饰图案效果图做了详细的图解，便于学习掌握。最后，通过对服饰图案的流行趋势分析，总结上述内容在服饰流行中的体现。

在本书的此次修订中，增加了将我国优秀传统文化融入创新实践环节，通过国内外优秀作品案例的分析，以思想沉浸式的方式展开课程思政，让学生在实践中体会创新思维，将服饰图案设计与科技创新、生态环保等理念结合，更有效地激发学生的创新意识。

本书可作为高等院校服装设计专业的教材，也可用作服装设计师及美术工作者的培训教材。书中所用素材大多来自笔者及其学生在课堂教学过程中的实践作品，通过精心选择后采用，希望能使读者在较短的时间内感受过程丰富的实践，迅速提高服饰图案的设计能力。

陆小彪

目录

第一章 服饰图案的发展

第一节 中国古代服饰图案的发展

服饰图案源于生活，形成于人们的观念，是随着社会的进步和人们的观念提高而不断发展的，也随着社会的发展而发展。每一个民族，都有着其独特的服饰，并与其传统文化、相关礼仪共生共长。我国的服饰图案经历了千百年的发展历程，有着悠久的历史。在人类文明进步、发展的历史长河中，服饰图案的设计、生产与使用，与其他工艺品的创造情况一样，源远流长而丰富多彩。

图1-1 商代奴隶主服饰

一、商周服饰图案

据考察，有关服饰图案的文字记载出现在商代。那时，奴隶主身着有云雷纹的服装。图案的装饰主要表现在服装的领口、袖口、前襟、下摆、裤角等边缘处和腰带上，表现形式主要是规则的回纹、菱形纹、云雷纹，并以二方连续的构图形式进行表现。奴隶社会的青铜器上的云雷纹是作为底纹出现的，主纹以兽面纹为主。服装上的云雷纹则以主纹出现，采用二方连续的构图形式，强调造型的规律美，至今仍普遍地运用于服饰图案设计中。由于云雷纹装饰是为主题服务的，所以逐渐由单个母体（S）发展成为一个单位纹样与另一个单位纹样的连续组合，即多个子体，同时加入主观意识进行夸张。这种类似放倒的“S”形，对以后图案组织的形成产生了重要、直接的影响。这种抽象的几何纹饰构成了商周服饰图案在条带装饰中呈现的威严、稳重的特点。（图1–1，图1–2）

图1–2 雷纹（商）

雷纹由回纹演变而来，以T为骨架，填饰回纹，亦称勾连雷纹。商代晚期与周初均流行，战国时期亦发达。

二、战国时期的服饰图案

战国时期，正是中国古代社会的大变革时期，在意识形态领域中，百家争鸣，社会思潮和观念空前活跃。表现在服饰上，是严谨的设计变得舒展起来。

服饰图案上，流行龙纹、凤纹、虎纹。龙纹在各国均有应用，多为交缠穿插状，但仍为蛇形长体。凤纹在南方的楚国大量流行，一般为站立或飞舞状。龙纹和凤纹，已是汉代四神纹中青龙和朱雀的雏形。（图1–3，图1–4）

图1–3 龙凤虎纹绣（战国，湖北江陵出土）

湖北江陵出土的一批服饰绣品，其凤纹或与龙、虎结合，或与花枝相衬，展翅扬足，突出美丽如花枝的羽尾，十分精美。

服饰图案还受到秦国瓦当艺术的影响，注重艺术形象的整体性，不拘泥于细部和局部的刻画。在艺术处理上，多采用以少胜多、以虚带实、造型概括逼真的对比手法来表现一种简洁淳厚的美。这种风格上的多变与当时人们的思想活跃是分不开的。

三、汉代服饰图案

汉代中外文化交流频繁，服饰图案出现了一个崭新的面貌。提花织机能织出各种飞禽走兽、吉祥文字等图案，其色彩华美，淳朴秀丽。印花技术也处于相当成熟的阶段，其工艺水平之高超，已为大量出土的实物所证实。

汉代延续战国时期的服饰风格，在图案的追求上更加趋于大气、明快、简练、多变，已有了较高的艺术表现力。在服饰图案上，出现了重叠缠绕、上下穿插、四面延展的构图，并以幻想和浪漫主义手法进行变形，形成了活泼的云纹、鸟纹和龙纹图案。其特色是用流动的弧线向上下、左右任意延伸，转折处线条加粗或加小块面，强调动态线条，丰富了形象。

图1–4 凤纹

云气纹是汉代工艺美术中的一种主要纹样，应用范围广泛。汉代云气纹由古代蟠螭纹或鸟纹的发展和演变而来。此时，虽已构成云纹，但仍可以在云纹中发现兽头或鸟头的遗留。

图1-5 长寿绣 （汉，湖南长沙出土）

图1-6 乘云绣（汉，湖南长沙出土）

纹样中心为龙头，间以云气纹和茱萸纹。

图1-7 卷云纹

茱萸纹也是汉代十分流行的一种纹样，在丝织、刺绣工艺中作为装饰。茱萸是一种常绿带香的植物，可入药。古代茱萸纹的流行，与民俗有关。相传在农历九月重阳节，佩戴茱萸可以免灾辟邪，并可长寿。茱萸纹又称为叉刺纹，以形命名。茱萸纹在汉代服装中出现甚多。1972年，湖南长沙马王堆汉墓出土了大量汉代织绣，其中著名绣品有三种，即茱萸绣、长寿绣、乘云绣，而这三者实际上都是以茱萸纹为主体而进行变形和再设计的。（图1-5，图1-6）

四、魏晋时期的服饰图案

魏晋时期的分裂和战乱为佛教的发展提供了机会。人们的衣着整体上以丰满、肥壮、飘逸为时尚。人们思维的单一和对佛教的虔诚，局限了装饰纹样的发展，纹样题材多与佛教相关。

莲花纹是魏晋南北朝时期极其盛行的装饰花纹，成为时代的象征。它随着佛教的兴起而大量应用在石刻、彩画，以及陶瓷、金工、刺绣等工艺中。莲花，通称荷花，又名芙蓉、芙蕖、水芝、水花、荷华等。

忍冬纹也是魏晋南北朝时期非常流行的纹样。此种卷草格式在我国汉代的铜镜外缘部位有使用，当时被称为卷云纹，实为忍冬纹的前身；到了唐代，则演变为繁复的卷草，往往以牡丹为母题而更加华美；到明代称之为缠枝花，到了近代又称之为香草。魏晋南北朝时期的忍冬纹多为波状组织，间以花或叶，有的是单向，有的是双向，花或叶一般呈三叉状，或三个花瓣或三个叶片与一个瓣或叶相对排列。（图1-7）

五、隋唐服饰图案

从唐代开始，工艺装饰中普遍使用花卉图案，其构图活泼自由、疏密匀称、丰满圆润。波状的连续纹样与花草相结合，形成了唐代盛行的缠枝图案。

唐代的蜡缬、夹缬、绞缬、碱印、拓印等印染工艺，及浸染、套染、媒染、防染等染色方法更是空前进步，蓬勃发展。许多新染料，如红花、靛蓝、苏木等，都被广泛开发和应用。在丝绸图案设计领域，则出现了窦师伦这样的名家。

联珠纹是指由许多个小圆相连接而组成的一个大圆状纹样，在唐代极为流行，具有时代特点。大体

图1-8 联珠鹿纹锦（唐，新疆吐鲁番出土）

图1-9 宝相花纹锦（唐）

图1-10 对羊纹（唐）

上，隋代联珠纹的小圆珠较少，唐代的小圆珠较多，一般为16~20个。联珠纹的排列格式有散点排列，称为窠或簇，在四个散点的空间常填饰忍冬纹，因向四面伸出，故称为四出忍冬；也有横排或竖排相连；还有四面相连，相连的交切处再饰以小圆珠、方块或花朵。联珠纹的外形，有呈长圆形的，也有呈双重圆珠的，格式多样，变化万千。在联珠纹中，多饰有鸟类、走兽、人物等。在构图上，有单独式，也有对称式，以对称式为最多。（图1-8）

唐代最有特点的装饰纹样为宝相花，花大而色丽。用于服装装饰的宝相花，是指以牡丹或莲花为母题，经过艺术加工而成的一种纹样，它吸取众花的形象特点，简化提炼，使之程式化、样式化，因而富于装饰美，在唐代织锦中作为装饰主纹。（图1-9）

陵阳公纹样是指唐代工艺美术家窦师伦所创造的丝织花样，其艺术特点是"章彩绮丽"，主要采用对称格式，如对雉、对羊纹等。这些纹样和与之风格相似的纹样，至今仍可大量见到。除一部分为自由格式外，它们多数是以联珠纹为外圈，形成圆形适合纹样，唐代称为"窠"，有独窠、两窠等锦名，窠中再饰以相对的飞禽、走兽或人物等，形成唐代的艺术特色。（图1-10）

小簇花是唐代十分流行的一种纹样。"簇"，从"聚"之意，即形成一朵朵小型的花簇。小簇花的外形一般为圆形，表现形式甚多，有的呈折枝状，有茎、有叶、有花；有的呈向上直立状，茎叶在下，花朵在上；有的呈环绕状，即枝叶成环形；有的向两边伸展，呈横椭圆形。小簇花，有的有枝有叶有花，有的只有花和叶，有的则只有叶而无花。唐代表现花卉，常为花叶并重，对叶也有描写。唐代以后，只突出花朵，而对叶作次要处理，所以常见花叶并茂，体现了富丽丰满的艺术效果。小簇花有图案式，也有写生式：图案式较多样化，精练简洁；写生式比较写实，宋代时称生色花。

六、宋元服饰图案

宋代服饰虽然拘谨保守，但图案比较丰富，当时有一年景、婴戏纹等流行纹样，还有万字曲水纹锁子的几何图案。

元代的金锦称为“纳石失”（Nasich,为波斯语），就是在织锦中大量用金，在元代得到空前的发展。

花中有花的纹样在宋代和宋代以后流行，它是宋代锦上添花的一种发展。花中有花是一个总的名称，其内容很多，有花中再加饰花朵。其特点是纹样的复合性，用几种纹样综合组成，并具有想象性，意义上相关或不相关，形成新的纹样，提高了装饰效果，丰富了装饰意义。（图1–11）

八达晕，亦作八达韵、八答晕，是一种中心为八边形，向八方延伸连接成网状的四方连续组织。八达晕的变化甚多，八边形中常饰以锁子、万字、盘绦等几何纹，繁复华美。因由八条边组成，故又称“斗八”。“八”是一个吉利的数字。“八达晕”寓意四通八达，具有吉祥的含义。（图1–12）

图1–11 花中有花、叶内添花锦摹本(福建福州出土）

图1–12 八达晕

七、明清服饰图案

纵观明代的图案设计风格，并不像唐代那样丰满、浓艳，也不似宋代特有的秀雅、轻淡，而是将两者有机地融合在一起，形成了明代自有的特色风格，写实与简化很好地结合在一起，产生出一种既生动自然又富于装饰美感的程式特点。

清代的印染图案设计风格，既有明代的传统借鉴，同时又受到外来纹样的影响，显得纷繁、多样、复杂，色彩有淡雅、柔和的，也有华丽、强烈的，但总的感觉是其风格过于繁缛、精细。

缠枝花的花茎呈波状卷曲，彼此穿插缠绕，又称为串枝花、长青藤，有永远常青、连绵不断的吉祥意义，是明代甚为流行的一种纹样，多见于明锦和明瓷装饰中。因缠枝的花朵不同而有各种名称，以牡丹为花头的叫缠枝牡丹，以莲花为花头的叫缠枝莲，以菊花为花头的叫缠枝菊，以牡丹、莲花、菊花等为花头的叫缠枝四季花。缠枝花的图案组织呈网状，向上下、左右四个方向伸展，故缠枝花的名称与折枝花是相对而言的。

吉祥图案是用具有吉祥意义的图形或文字组成的一种装饰纹样。此种纹样自明清以来最为流行，所

图1–13 凤穿牡丹锦（清）

图1–14 四合如意莲花锦

图1–15 肩挂，柯普特织锦

占比例极大。特别是清代，装饰上大部分是“图必有意，意必吉祥”，形成这一时期的装饰特色，既注重纹样的形式美，也重视纹样的意义美。（图1–13，图1–14）

第二节 西方服饰图案的发展

世界各国和地区都有自己优秀的服饰图案，在造型、取材和色彩上各具风格，了解、分析、体会不同服饰图案的语言、程式、趣味，对于我们的创作和设计都非常必要。

一、古代服饰图案

在安第斯山脉洞窟遗迹中，发现有公元前8600—前5780年的纺织品残片。这是已发现的人类历史上最古老的纺织品，它证明了安第斯山脉的广阔地域在远古时期就有了染织技术。在出土的公元前1420—前1412年的古埃及麻织物上，已出现工艺精美的莲花、纸莎草花、涡卷纹等织锦图案。在出土的公元前322—前30年的古希腊时代的织物上，有造型写实而生动的游泳的鸭群和妇女头像图案的织锦及鱼纹壁挂。

二、中世纪服饰图案

4世纪，古代埃及初期的基督美术和装饰美术形成的“柯普特样式”织物中，已有织锦、编结、型版印、蜡染等多种工艺，图案非常丰富，有几何纹、编带纹、神话人物纹、亚历山大帝像、田园生活题材等，显示出自然和写实主义的造型样式。（图1–15）

“柯普特”是指古代埃及人中信仰基督教的人，其文化属于神秘教会教义范畴。柯普特美术是埃及的基督教美术，将古代埃及和古希腊美术结合，又受波斯和东方影响而产生的一种美术样式，5—6世纪为其全盛期，以壁画、雕刻、织物艺术为最具特色。

当时，罗马人、拜占庭人、希腊人、埃及人都穿着一种叫“丘尼克”的套头长袍。这也是欧洲最古老的衣服，为吊带式，肩上系结，衣长及膝，外套斗篷，头戴半球形帽子，脚穿短靴，上半身着半袖毛线衫，下半身着短裙，裙摆有流苏装饰，外罩毛织物长裙，系腰带，前有带扣。柯普特初期的套头长袍，双肩和前身两侧饰以柯普特织锦。

拜占庭时代的染织艺术综合了波斯、中国、希腊、罗马、埃及等国家的艺术样式。636—641年，其首都伊斯坦布尔发展成为丝绸工业中心，服饰图案与波斯萨珊王朝时期颇为相似，有生命树、怪兽、狩猎纹、双狮纹、鹫纹、骑士纹，以及联珠纹、编带纹、桃心纹。半狮半鹫神兽动物纹是拜占庭帝国国徽和皇帝专用图案，显示守护神的权威，是罗马帝国的象征。拜占庭人敬畏和崇拜这种纹样，在许多工艺品中都有使用。

拜占庭染织纹样的特点是构图左右对称。联珠纹的应用是拜占庭织物的图案特色之一。波斯或拜占庭织物都有大量的圆环形联珠纹。“空间填补”是拜占庭染织纹样的另一个特征。拜占庭有“忌讳空间”的审美意识，十分重视图案空间的处理，所以在两个圆环之间配置样式化的花纹和小图案。（图1–16）

13世纪哥特时代的服装中，家徽图案流行。家徽图案成为显示身份及其家族的标志。图案题材以动植物为主，鹰和狮为最常见，也有天体和人物图案。装饰方法是自前中心和腰围线，把衣服分割为上下、左右四个部分，左右分别用不同色地，然后从肩到脚，通身补上或绣上放大的家徽图案。（图1–17）

图1–16 拜占庭染织纹样

三、文艺复兴时期的服饰图案

哥特时代的100年间，整个欧洲建立了300多座教堂，说明当时的“末日感”异乎寻常地侵蚀着人们的灵魂。这种意识的蔓延与影响，也渗透进染织文化之中。以卢卡为中心的意大利各城市的织工，采用中国的吉祥动物图案如麒麟、凤凰、龙和印度的独角兽、狮子、驯鹿、孔雀、植物等题材，穿插组合成具有异国风情的东方丝绸图案。

到了14世纪，作为文艺复兴的发祥地，意大利的服装面料已具有相当高的视觉欣赏价值，威尼斯、佛罗伦萨、米兰、热内亚、卢卡等城市均有高度发达的织物工厂。卢卡仿制的中国丝绸，将中国题材的莲花改成蔓草纹样，把凤凰、仙鹤变成鹰、天鹅，把麒麟、鹿、羚羊变成狗、豹等。这种形象与主题的转

图1–17 法国百合徽章面料

法兰西王室把由百合花、鸢尾花、枪头组成的图案规定为王室徽章。图为路易十四身穿有百合徽章的长袍。

图1-18 大型石榴纹天鹅绒（16世纪，威尼斯织物）

图1-19 埃莉诺画像（画于1503—1572年）

埃莉诺是托斯塔纳大公考西·莫·德·美帝奇的妻子。这件华丽的外套织物用意大利丝绒织成，饰有大量的纬环装饰，并镶有金带，带有西班牙风格。头饰与缀满珍珠的项链交相辉映，手中的小手绢是文艺复兴时期与服装搭配的一种小流行品。

换，使织物图案更贴近欧洲人的审美与欣赏习惯。

由于卢卡政局连年动荡不定，使得卢卡织造艺人迁移到政局稳定的威尼斯，从而推动了威尼斯织造业的发展。16世纪初期，威尼斯生产的天鹅绒具有典型的威尼斯风格，被称为“威尼斯样式”。东方样式的波浪纹之间，对称配置着蓟草花纹，形成了非常优雅秀美的织物图案。与东方式的、极具动感的卢卡图案相比，威尼斯织物图案则具有安静沉稳的神韵，构图弥漫着哥特精神。植物纹样强调适合、稳定、均衡的构图，在波浪纹式构图中，表现极有个性的写实花卉图案。被称为“文艺复兴格调”的石榴形图案，就是指这种威尼斯样式的图案花型。（图1-18，图1-19）

16—17世纪，被称为“热内亚式”的意大利天鹅绒，以流畅优雅的曲线表现的石榴形纹样和莨菪叶纹图案，风靡百余年，不仅为上流社会贵族做服装用，也大量用于家具和室内装饰，销量极大。

进入19世纪，意大利佛罗伦萨丝绸上的石榴形花纹和“朝鲜蓟草纹”，多达上千种，特别适用于装饰贵族家庭或教堂内部。

佛罗伦萨丝绸在织法、构图、纹样等方面均有显著特点，其构图已完全摒弃西西里、伊斯兰和阿拉伯的构图形式，多数为纵向波浪纹和满地花型，构图中填配东方纹样，特别是“石榴形花纹”成为佛罗伦萨丝绸最明显的特征。

四、17—18世纪服饰图案

17世纪流行于欧洲的巴洛克染织美术，以自然花卉、花环、果实、奇特贝壳为题材，用流畅圆滑的曲线样式创造了著名的巴洛克装饰纹样。文艺复兴时期的服饰，以取得平衡、统一为第一要素，以调和为服装美的标准；而巴洛克服饰则不考虑服饰统一调和的整体效果，只为装饰而装饰，主张“自我表现”，统一的标准就是豪华、繁琐、耀眼夺目、任意地进行装饰。

17—18世纪，欧洲各国的纺织品表现出与西方格调迥异的东方趣味，使欧洲人迷恋向往。里昂丝绸设计师采用东方情调的纹样，并与古典莨菪叶纹样相结合，产生了新的怪异纹样——绮想样式纹样。所谓的绮想样式纹样，是以东方情调的纹样为基础，融合巴洛克莨菪叶构成的图案形式，将莨菪叶和果实进行变形，变化成形象不明确的样子。端正式构图逐渐减少，动感式构图增多。例如主体表现中国风格城郭、花瓶、园林、山水与变形花卉的组合，极富幻想并充满异国情调。绮想样式纹样成为巴洛克染织纹样的一大特点。（图1-20，图1-21）

图1-20 中国风手绘设计稿（18世纪，法国）

图1-21 路易十四的宠妃身着有莨菪纹饰的服饰

绮想样式纹样在后期逐渐变化为贝壳和不知名植物组合的形式，歪斜贝壳和岩石洞窟的组合，流畅的植物线条变化为弯弯曲曲的茎蔓。这种图案又发展变化成为流畅典雅的带花朵的茎蔓花型图案和雅宴画风纹样，成为我们非常熟悉的"洛可可样式"的图案。

18世纪的洛可可染织图案，与豪华繁琐的巴洛克风格不同，其样式是女性的、轻松的、曲线式的。"洛可可"一词有"用贝壳、石子等做的假山"或"贝壳华丽"之意，其图案由贝壳、山石、藤蔓、蔷薇、丝带、曲线、旋涡形构成。优雅华丽的花卉装饰样式从此诞生，发展成独特的洛可可文化。（图1-22）

洛可可艺术的特征是改变了古典艺术中平直的结构，采用C形、S形和贝壳形涡卷曲线，敷色淡雅

图1-22 织锦"图尔横棱绸"

织有波形图案，底面为柠檬黄色，织造时使用金属丝线和多色丝线，带有典型的洛可可涡卷图形，1740—1760年。

柔和，形成绮丽多彩、雍容华贵、繁缛艳丽的装饰效果。除此之外，印花图案则是大量的自然花卉主题，所以有人称这个时期的法国印花织物为“花的帝国”。洛可可纹样的造型多不均衡、不对称，带有反秩序、反常规的装饰倾向，在奢丽纤秀和华贵妩媚中，呈现出一种阴柔之韵和娇柔妩媚的特征。

从17世纪开始，纺织品生产中心又转移到法国、英国、荷兰等地。印度萨拉萨印花布成为欧洲上层社会的流行热潮。

1780年，德国人奥伯肯伯特在法国的朱伊小城开设了一家印染厂，成功地运用辊筒印染技术，使工艺水平大大提高，带动了织物纹样的印染精度和细度水平的提高，同时也拓宽了图案设计者的表现手段。

朱伊纹样涉足图案的写实化、情节化的领域，已不再受制于平面设计的概念，不仅图案具有层次感，还首创了透视原理的空间性质在平面设计中的应用。

朱伊纹样的题材分为两类：其一是以风景为母体的人与自然的情节描绘；其二是以椭圆形、菱形、多边形、圆形构成各自的区域中心，然后在各区域内配置人物、动物、神话等古典主义风格，具有浮雕效果，呈规则性散点排列的图案。前者随意穿插，依势而就；后者严谨凝重，排列有序。两者充分展示了印染技术的革命给服饰图案设计带来的广阔前景。（图1–23）

图1–23 朱伊纹样

五、19世纪服饰图案

维多利亚时期印花棉布的兴盛离不开这一时期印染技术的快速发展。1780年苏格兰人詹姆士·贝尔发明了辊筒印花机，1830年又开发出网纹雕刻技术，丰富了图案的表现方法。同时，新的染料被不断地发明和使用，1810年前的植物染料，1835年的矿物染料，1856年的合成染料，为生产出优异的印染产品提供了技术与物质保证。

如果用一句话来概括维多利亚王朝的印花布的特点，可以这样说：“自然真实地描绘花与鸟，从写实主义开始，到写实主义结束。”初期题材以模仿印度花布的异国花卉为主，逐渐变为描绘欧洲本土的花卉形象，如蔷薇、紫丁香、绣球、罂粟、茉莉等娇艳的

图1–24 手工模版印花棉布

玫瑰是英国的国花，是纺织品中最永久的流行图案之一，是18世纪洛可可艺术的重要题材，也是19世纪后期英国维多利亚印花布的图案主题。玫瑰花型饱满，花瓣渐变重叠，对称却不失变化，集古典、温馨、浪漫、优雅、淑女于一体，成为服饰图案中广泛流行的装饰花卉。

花朵形象，也有羊齿草叶、长春藤枝蔓等枝叶形象。这些花卉形象有时构成满地花型，有时构成上下垂直连续的竖条花型，图案之中穿插写实的鸟类形象。当时的花布图案大部分是“写实花卉”和“花卉加鸟”类型。19世纪前期的维多利亚印花棉布，简直可以说是“自然花卉的宝库”。（图1–24）

19世纪末20世纪初的新艺术运动竖起反对传统的大旗，并欲采用新的工艺美术形式来表现这个时代的特征，但仍然相当重视对传统形式的研究和借鉴，从花纹的运动方式和曲线的结构上，便可以看出是对哥特式植物纹样的模仿，以及是受巴洛克雕塑形体运动的启发。到新艺术运动的后期，这种繁复花卉和构成形式逐渐被一些单纯的符号所代替，但这种符号的演变并没有离形太远，还能辨认出属于哪种花、哪种叶。这一时期的印花图案，在色彩和构成形式上，繁华的程度大大降低，并已初现现代主义画风的端倪。

19世纪后期，英国工艺美术运动的创始人，现代设计之父威廉·莫里斯提出了工艺美术的设计思想：功能与美要统一，艺术与技术必须相结合。富有传奇经历的设计师威廉·莫里斯，在多项艺术设计，尤其在棉印花织物的图案设计，以及挂毯设计、壁纸、刺绣等平面设计领域，都表现出独特的设计理念和思维。莫里斯纹样可谓是自然与形式统一的典范，图案以装饰性的植物的花朵、叶子、藤蔓与鸟纹等构成，巧妙地配以流畅的涡卷形或S形曲线，及茎藤等，强调二维空间，颇具装饰美感。清新的自然主义风格使莫里斯图案成为欧洲流传广泛的经典染织图案。（图1–25）

图1–25 “草莓盗贼”印花棉布

威廉·莫里斯创作，采用靛蓝染料与手工模板的印花方式进行印染。

六、20世纪服饰图案

进入20世纪后，西方美术史上所出现的各种思潮和流派，几乎都在印花图案中反映出来。现代派艺术家积极地探索和追求新的艺术形式，突破传统艺术的时空观念，认为过分地写实就顾不上表现理想，就没有个性，艺术创作便趋向平庸化。

“装饰艺术”这一名称是从1925年巴黎举办的“国际现代装饰艺术展览会”上产生的。装饰艺术是从各种样式中产生的综合样式，其整体发展可能就是艺术从异国情调向几何化和单纯化的改变，集中体现了以简单几何形和明快色彩为特征的装饰艺术风格。

图1–26 抽象派图案（棉，法国）

20世纪早期，现代抽象绘画兴起，法国装饰艺术派女艺术家安德拉达（Madame Andrada）设计的这块织物展示了一幅抽象有规律的图案，画面充满了生机。由各种明亮的暖色调绘而成的几何形状及黑白相间的方格棋盘是整幅图案的主要特征，体现了装饰艺术风格图案的革新性。

图1-27 杜飞图案1

图1-28 杜飞图案2

这种具有独特风格的花样被称为“杜飞图案”或“杜飞样式”。杜飞的设计中也有动物与人物的图案，但比较起来，杜飞的写意花卉更引人注目，所以杜飞花样一般是指他的写意花卉图案。

首先，装饰艺术的主要题材是涡卷纹样。从新艺术继承的涡卷纹和各种圆形、半圆形纹样，汲取了凯尔特、阿拉伯等民族的艺术精华，作为最具象征性的题材，广泛应用于各种印花面料中。

第二，装饰艺术纹样使用最多的形象是玫瑰花。玫瑰花是印花图案中不可缺少的表现材料，这大概是由于玫瑰花易于体现立体主义的特点，易于按立体主义的构思来处理花型结构。玫瑰花由层层花瓣构成，在花型的变化归纳方面，最容易简略，最易于变形。

第三，在装饰艺术纹样中，占统治地位的纹样有闪电形、棋盘形、楼体形、金字塔锯齿形等。这些图案有时单独使用，有时复合处理，以不同形态循环、重合、组合。装饰艺术图案的这种特异性，构成交响乐似的图案魅力。

在装饰艺术纹样中，面料图案方面以画家拉劳尔·杜飞的作品为代表。劳尔·杜飞是“野兽派”的代表画家之一，后来接受法国“巴黎纺织公司”的聘请从事纺织品设计。

杜飞设计的花样一改以往染织图案的写实风格。他运用印象派与野兽派的写意手法，首先用大胆简练的笔触、恣意挥洒的平涂色块、粗犷豪放的干笔，然后用流畅飘逸的钢笔线条勾勒出写意的轮廓。杜飞的花卉图案形象夸张变形，色彩强烈明快，线条质朴简洁、轻松自如，具有浓烈的装饰效果。杜飞从印花图案的设计经验中，悟出了自己独特的、创造性的、具有装饰风格的新画风，从而加强了他在美术史上的地位。

杜飞图案曾在20世纪50年代风靡一时，后来又被称作“50年代风格”的花卉图案，70年代末期再度流行。杜飞图案以自然随意、浪漫洒脱的情趣，夸张粗犷、流畅自如的描绘，不断演绎着野兽派的情结，成为现今纺织品设计的主要风格之一。（图1–26~图1–28）

第二章 经典传统与现代服饰图案

第一节 佩兹利纹样

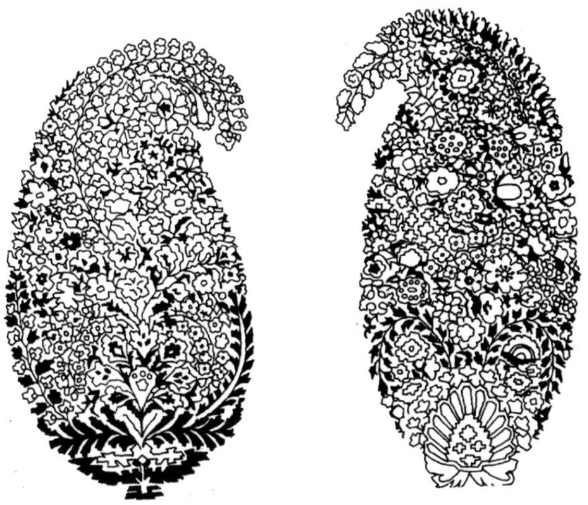

图2-1 传统的佩兹利纹样

佩兹利纹是一种有着悠久历史、深受人们喜爱的传统民族染织图案。佩兹利纹发祥于印度克什米尔，据说源于印度对生命之树的信仰。最初，这种状似松果形的纹样被用作当地羊毛披肩的边饰，大多由自然花草形态构成，拥有自然主义风格。这个诞生于古老的中亚地区披肩上的纹样，在跨越千山万水的游历之后，于18世纪初期，苏格兰西南部城市佩兹利的毛织行业采用大机器生产方式，大量采用这种图案织成羊毛披肩、头巾、围巾，销售到世界各地。世人就此将克什米尔图案误称为佩兹利图案。由于佩兹利图案都采用涡线构成，故而又被称为佩兹利涡旋图案。最终以苏格兰南部小镇佩兹利命名。随着科学技术的发展，克什米尔披肩走入衰落时期，而工业革命带来了欧洲的图案变革，佩兹利纹样受到当时欧州社会时尚、生活习惯的影响，体现了华丽典雅、高贵秀美的装饰效果，演变得纤细弯长、曲线流动。佩兹利的披肩也开始由仿制克什米尔披肩纹样转向生产欧洲风格的图案。从此佩兹利纹样形成了一种独特的风格流派。20世纪末开始，复古思潮冲击了整个西方世界，使各种古典的纺织品图案持续流行。佩兹利图案因它最适合于表现古典、华贵的形式而又成为最受宠爱的服饰图案之一。（图2-1）

佩兹利涡旋纹是一种以涡旋纹组成的泪珠形或者松果形的图案。国外很多专家和学者对图案的象征与寓意进行了广泛的研究，有的认为它是圣树菩提树的叶子的造型，有的认为是受松球或无花果的断面的启示而产生的。其装饰特征是细线勾勒，重视细节，点和线条的布局疏密对比大，常用牙齿状的边缘装饰。

佩兹利图案在我国被称为火腿图案，在日本有人把它叫做勾玉或曲玉(一种月牙形的玉器)图案，在非洲也有人把它称作芒果或腰果花样。佩兹利图案是一种适应性很强的民族图案，被移植到印花织物上后，表现手法更加丰富多彩。设计师时而用密集的涡线处

图2-2 根据传统纹样设计的现代佩兹利纹样

图2-3 佩兹利纹样1

图2-4 佩兹利纹样2

图2-5 手绘的佩兹利纹样

理图案，时而用平涂色块处理，时而把线条组成的松球排列成美丽的图案，时而用纤细的小花组成松球图案；设计时有错落有致的纯松球图案，或将其穿插于各种复合图案之中，配色的运用上也极为丰富。（图2-2~图2-4）

伴随着服饰文化的发展，今天的佩兹利图案已渗透在各种服饰设计中，被喻为最具有传统经典与现代时尚的两重特性的图案。佩兹利图案结合每一季的流行元素，在纹样的大小、疏密和色彩的变化下，呈现出迷人的艺术魅力。（图2-5，图2-6）

图2-6 电脑绘制的佩兹利纹样

图2-7 康茄纹样1

图2-8 康茄纹样2

第二节 康茄纹样

康茄纹样源于19世纪中叶东非的斯瓦希利民族，该民族是由各地的班图人和七世纪以后迁徙而来的阿拉伯人,波斯人等长期结合而形成的民族。康茄服饰以矩形的印染织物作为独立单位，用数块分别包缠头部、肩部和身体。这是非洲服饰较典型的特征之一，也是与众不同之处。以蜡染、机印为主要工艺的长方形康茄，可被妇女十分巧妙地多功能运用：包在头上，充当头巾；折叠后缠在胸部，当成胸衣；展开系在腰上，充当半身长裙；展开裹住身体，充当连衣裙；将两角系在颈部，再从裆部反绕在腰部打结，充当现代的泳衣。更有人将两三块康茄同时包裹缠绕在身上，则成为日常的生活装和节庆的舞蹈服。（图2–7，图2–8）

康茄纹样通常具有两种组成形式:其一是由一个中心纹样、四个角纹和四条边纹组成；其二是由一个长方形的纹样和四条边纹组成。康茄纹样的另一典型特征是在中心纹样的下部配有斯瓦希利文字。斯瓦希利文字由于受阿拉伯文字的影响，很多文字借用阿拉伯文字。

康茄纹样的题材主要有以下类别：

① 花卉图案的题材；

② 几何图案的题材；

③ 佩兹利纹样的题材；

④ 景物图案的题材。

由于宗教、民俗等因素，康茄纹样禁忌采用动物图案的题材。

康茄纹样的长方形地纹的表现方式具有以下特征：

① 规律性的散点纹样；

② 规律性的折线纹样；

③ 规律性的网格纹样。

康茄的规格约为117厘米x168厘米，用色基本上不超过四套色，但如果采用较复杂的印染工艺印制，也可增加图案的套色。图案边框、角隅和中心纹样构成，块面感强，色彩多为明艳的红色与绿色、黄色与棕色，加上黑色与少量其他套色，穿插在复杂的图案中，呈现出丰富的视觉效果。

第三节 基坦卡纹样

基坦卡即仿非洲蜡染织物，是非洲非常有影响力的民族服饰面料之一。不同于蜡染织物的是，基坦卡纹样是通过纹样设计方式与机印生产工艺相结合而成的，而机印图案在一定程度上与蜡染纹样的表现风格有相近或相似之处。

基坦卡纹样除采用独幅大尺寸纹样排列之外，均按照机印工艺所限定的范围进行排列，并留有两条1~2厘米的边。

(1) 散点排列

散点纹样以较规则的排列为主。

(2) 条形排列

具备明显方向性的二方连续纹样的组织形式。

(3) 格形排列

即以方形或多边形为单元的网架组织结构。

基坦卡纹样的题材也极为丰富。飞禽、走兽、鱼虫常作为主要的纹样选题；植物题材有热带所产的菠萝、香蕉、芒果、椰子和多种植物及其果实；景物题材为热带风景和各种器物的表现。几何题材是基坦卡纹样应用最广泛的题材之一，并以此作为基础结构，将动物、植物、景物等纹样置于其中。宗教题材纹样多选择部落的象征、旗帜、徽章等。具体到设定的题材，也各有自身的含义：走兽是独勇、力量的代表；贝壳喻意胜利；钥匙表达主权和权力；鼓是战斗的号角；等等。

非洲蜡防图案的风格热烈奔放、粗犷刚健、深沉拙朴。图案多以飞禽、走兽、鱼虫为主要题材，装饰感强烈。以块面表现花卉、动物和抽象造型，非常注重底纹表现，抽象、生动、多变的细线与主花构成有机的整体。色彩多以深褐、米黄、深蓝为主套色，单纯而强烈。基坦卡纹样不同于真蜡染织物，但也有共性的存在，表现语言与蜡染如出一辙，以靛蓝、深棕色的线与面连接图案的各个部分，其间穿插、填置、错叠色位，蜡染的冰裂纹组织在基坦卡纹样中，有意无意地形成带有装饰意味的网状体组织。值得注意的是，点式纹样是基坦卡纹样底纹的首选方式，有序、甚至致密地排列成一定的肌理视觉效果。（图2-9~图2-11）

图2-9 基坦卡纹样1

图2-10 基坦卡纹样2

图2-11 基坦卡纹样3

图2-12 埃及纹样1

图2-13 埃及纹样2

第四节 埃及纹样

埃及可能是世界上最早产生纺织工艺与印染技术的国家之一。从已经发现的公元前3000年左右的中古王朝时期和埃及第十五朝墓穴中出土的几片亚麻挂毯上，可以看到用红、蓝、绿构成的莲花、禽兽的图案。4—8世纪，在埃及被罗马帝国统治的一段时间内，埃及的染织工艺有了相当的发展，在埃及染织工艺史上被称为柯普特时代。当时埃及的丝绸一般从君士坦丁进口，织物主要采用人物、天使、花鸟、禽兽、几何图案，以及有关基督教的题材。8世纪初，埃及开始有了自己的丝绸织物，图案主要为萨珊王朝的波斯图案。与此同时，埃及图案受到了罗马样式与希腊几何图案的影响，题材上有希腊神话、罗马传说、圣经故事等，色调都为深暗的紫色调。在9—10世纪，埃及有了蜡防印花。

研究埃及纹样，必须研究埃及的绘画与雕塑艺术。20世纪70年代，作为具有典型东方风格的纹样在世界范围内流行的埃及纹样，其实并不是埃及染织图案的原型，而是以埃及的绘画与雕塑为基础演变而成的。在表现上，“人物的形象必须是：脸是侧面的，显出明确的额、鼻、唇的外轮廓；眼却是正面的，有完整的两个眼角；胸也是正面的，体现出双肩与双臂；而腿和脚又是侧面的，充分刻画出由踵到趾的长度。这种两次90°转向，看起来不大自然的人体造型，在整个埃及的绘画和浮雕艺术中保持了数千年之久”。

宗教信仰对古埃及人的生活具有举足轻重的影响，其中最主要的一条是埃及人相信“死后复生”之说，死亡“不是生命的终结，而是向永恒的、类似世俗生活的过渡之瞬间”。基于这种意志，人们窥到了大量有关世俗生活描绘的陵墓壁画与雕刻艺术，如狩猎、播种、建房、纺织、舞乐、祭神等场景表现。可以说宗教主题与世俗生活的相互渗透，是古埃及艺术，也是埃及服饰图案的主要题材之一。人们通过服饰图案、纹样相对特殊的体现作为媒体，来表现古老的埃及艺术的精髓，给传统的服饰图案艺术添加了丰厚的内涵。（图2-12，图2-13）

第五节 夏威夷纹样

阿洛哈纹样起源于美国夏威夷群岛，因此又称为夏威夷纹样。夏威夷首府檀香山等地的近百家印染、服装企业生产富有浓郁地方特色的印染衣料，由此生产的艳丽服饰行销至世界各地，其中，夏威夷服饰图案的风格化起到了决定性的作用。

由于特殊的地理环境，当地盛产的热带植物和人们的生活方式等，均给夏威夷纹样的题材范围提供了先决条件。因此，纹样多以扶桑花作为主导图案，另有龟背叶、羊齿草等植物，以及热带风光、生活景物、海洋生物等题材作为附属图案，时常在图案中穿插波利尼西亚词语和英文词语的文字图案。夏威夷纹样通常为大型图案，主导花卉采用尺寸为18~30厘米的大花型，并采用网印工艺进行生产，其表现方式既有多套色，色彩艳丽浓郁；或地清花明，空地面积较大；也有少套色或单色的处理方式，甚至采用金粉印饰。（图2-14，图2-15）

图2-14 夏威夷纹样1

图2-15 夏威夷纹样2

第六节 友禅纹样

在日本，凡是运用各种印染、绘制工艺生产，适用于制作和服的图案纹样衣料，均称为“友禅绸”。“友禅染”是由宫崎友禅始创而得名的。友禅印花是用毛笔或其他工具，将防止友禅染料渗入的防染糊（用糯米制成的糊料）在布上作画后再染色。

大多数友禅纹样是以复合的形式出现的，其表现方式多样，印染、手描、刺绣、扎染、蜡染、揩金等手段相结合。在选题范围上，植物图案与几何图案同时出现在同一图案中。 受中国传统图案的深刻影响，中式的唐草纹、八仙纹、雷纹等也融入在友禅纹祥之中。

友禅纹样的题材极为丰富，包括松鹤、扇面、樱花、龟甲、红叶、清海波、竹叶、秋菊，还有牡丹、兰草、梅花等。扇纹采用两把或数把，组合成以扇面为主题或作图案穿插的形式，并与植物纹样、器物纹样甚至几何纹样共融。水纹亦称清海波，日本人认为水能净身

图2-16 友禅纹样1

图2-17 友禅纹样2

除灾，并有“浸水的初一”的传统习俗，婚俗、祭神等有水神的习俗流传甚广。因此，水与友禅纹样有密切关系,也是友禅纹样重要的组成部分。樱花，乃日本的国花，被视为幸福美好的象征。平山郁夫曾言“比起荣耀、灿烂，日本人喜爱寂静、无常的东西，樱花一开即谢，但日本人却极喜爱，奉为‘国花’，是日本人美学观的象征物”。由此可见，樱花题材在和服图案中的不可替代性。友禅纹样用色极为广泛，并时常以多套色的形式出现。（图2-16~图2-18）

图2-18 友禅纹样3

图2-19 波斯纹样1

在波斯图案中，很大一部分采用波形连缀骨式，图案为左右相反交错处理，通过琉璃形的线条来表现连续的画面，并在琉璃的曲线骨架中嵌入蔷薇、玫瑰、百合等图案。直至今天，这种传统的排列仍是典型的波斯纹样的代表。

第七节 波斯纹样

几个世纪以来,西方国家广泛使用的“波斯”名称，指位于西南亚的伊朗王国。由于古希腊人和其他西方民族把“波斯”用于指整个伊朗高原，此名称便广泛使用。伊朗人一直称呼他们的国家为伊朗——亚利安人之乡。1935年，伊朗政府要求人们使用“伊朗”来代替“波斯”的称谓。

要研究波斯图案，就必须对波斯的萨珊王朝(226—642年)加以研究。萨珊王朝时期，波斯无论在丝绸织物方面或在工艺美术方面都得到了高度的发展，织物的图案也得到了系统、完美的发展。当时，波斯正位于东西方交通的要冲，由于与中国的密切交往，波斯图案吸取了许多中国图案的长处，而波斯图案又对东西方的图案带来了极为深刻的影响，以致意大利、土耳其等国的丝绸织物与地毯基本上都采用波斯图案。波斯图案对欧洲图案的影响深远，并与中国图案和欧洲图案相互影响，至今仍然具有强大的生命力。

波斯图案区别于其他图案的最大特点是其在排列骨式上的特殊性。波斯图案在排列的骨式上一般有三种：第一种是采用波形连缀式的骨式；第二种是圆形连续的骨式，一般被称为联珠纹，象征太阳、世界、丰硕的谷物、生命和佛教的念珠；第三种是在区划性的框架中安排对称的图案，这种排列开始是为了适应织机条件而形成的。

波斯图案较多地取材于植物图案。图案都采用变形与写实相结合的处理方法，花纹繁缛，繁而不乱，线条流畅，形象生动，宾主呼应，构图生趣精巧，敷色华丽高雅。波斯图案带有浓烈的宗教风格，现代的设计师常常在伊斯兰清真寺内的壁画或室内装饰中寻找母题与色彩。精微且壮美的波斯图案在近年的服装流行中扮演着十分重要的角色。（图2–19，图2–20）

图2–20 波斯纹样2

波斯联珠图案是在圆形的结构外边用联珠围成圆框，在连续的联珠纹中嵌入象征威武的狮子、雄鹿、鹰、犬，以及各种花鸟图案。联珠纹构图缜密，结构严谨。

第八节 印度纹样

对生命树的崇拜，繁缛精致、变化多端的线条，含蓄、典雅而强烈的色彩，对比强烈、独具韵味和律动的造型，是印度图案能够持续影响世界纺织品装饰的重要原因。

印度是最早利用印染方法美化织物的国家之一。约公元前4世纪，出现了木模版印花技术。蜡染和扎经纬染色织物是印度古代主要的著名染织品，纹样都是抽象的几何图案和碎花图案。后来，由于开发出镂花模版的印花方法，大约在公元7世纪，印度的印花图案已显得相当精美。在欧洲13世纪至今可见的残存印染织物中，依然保留着印度、波斯印染和图案的艺术风格。16世纪，英国商人惊奇地发现了色彩斑斓的印度萨拉萨棉印织物，被精彩的纹样、图案和精细的印制所吸引，并由此先在英国，后在德国、法国展开商业贸易。17世纪，印度的萨拉萨织物大量输入到欧洲，并形成流行的趋势，推动了欧洲印染技术的发展与革命。萨拉萨织物是传统的印度印染织物的一个缩影。

典型的印度传统图案大约有两大分支。一种是起

图2–21 印度纹样1

源于对生命之树的信仰，多取材于植物图案，如石榴、百合、菠萝、蔷薇、风信子、椰子、玫瑰和菖蒲等。这些题材经过高度的提炼和概括，使之图案化，再用卷枝或折枝的形式把图案连续起来。印度北部的克什米尔披肩主要以松叶与松果为主题，以漩涡形的造型使图案产生活泼多变的效果，后来发展成佩兹利图案。另一种则是出于印度教故事与传说，赋予印度图案浓烈的宗教色彩和明显的伊斯兰装饰艺术风格。这种图案有着明快的轮廓和装饰性，在拱门形的框架结构中安排代表生命之树的丝杉树，以及印度教传统的人物故事和动物形象，有稳定对称的效果。

历史上由于亚历山大与阿拉伯人的入侵，印度受到了阿拉伯与波斯图案的深刻影响，在今天的印度图案中仍能看到波斯图案的左右对称和交错排列的余绪。传统的印度图案以土耳其红、靛蓝、米黄、棕色和黑色为主要色彩。（图2-21~图2-23）

图2-22 印度克什米尔披肩残片

图2-23 印度纹样2

第九节 印加纹样

在印加帝国时期（1470—1532 年），秘鲁境内为其核心区域。印加帝政时期，也是秘鲁文明最兴盛的时期。1532 年，西班牙的征服者使印加帝国变成附属于西班牙的殖民地。

安第斯地区是拉丁美洲文化的摇篮，其中发掘出最早的纺织品距今约有4500年的历史。印加纹样最初表现在色织布与刺绣织品之中。由于复杂的社会、宗教等原因，印加人，即南美的印第安人，崇圣太阳与月亮、圣鸟与圣兽。圣鸟（美洲鹰）被印加人视为神鸟，因而，印加纹样中常常出现抽象的太阳纹样、神鸟纹样。圣兽图案主要是美洲狮、虎等。除此之外，原始的工字纹、十字纹、雷纹、回纹等也屡见不鲜。人物图案常常带有戏剧性与生活气息，如舞蹈着的人物等。图案常常排列成直条形或横条形，很多图案富有连续性的情节。印加图案往往会使人浮想联翩，会把人们带往遥远的年代，仿佛置身于灿烂夺目的中南美文化的漩涡之中。（图2-24）

图2-24 印加纹样

图2-25 欧普风格服饰图案1

图2-26 欧普风格服饰图案2

第十节 现代服饰图案

20 世纪 70 年代以来，特别是 80—90 年代，印染图案设计风格呈现了回归自然、回复历史的潮流。进入 21 世纪，无所不包、无所不容的后现代主义、解构主义设计精神，更加速了多元化的进程。例如在一年两度的德国法兰克福国际衣料博览会上，万商云集，名师荟萃，精品叠出，创新不断，真正体现了当今服饰图案艺术设计的最高水平和最新潮流。

一、欧普（OP）图案

20世纪60 年代后，欧普艺术开始运用到织物印花图案的设计中，其色彩艳丽、有朝气，图案活泼、动感，富有时代气息，并很快在世界范围内流行起来。欧普图案是利用集合学的错视原理（对比错视、分割错视、方向错视与逆转错视），把集合图形（直线、曲线、圆、大小的点、三角形、正方形等）用周期性结构（简单几何体的大小组合和重复）、交替性结构（循环结构的突然中断）、余像的连续运动、光的发射和散布，以及线与色的波状交叠、色的层次接续或并叠对比等手法，对视网膜造成刺激、冲动、振荡而产生视觉错误和各种幻像，形成画面上的律动、振颤、放射、涡旋和色彩变幻等效果。欧普图案一般采用较少的色彩来表现复杂的画面，黑色在画面中起着非常重要的作用。（图2-25，图2-26）

二、波普（POP）图案

波普艺术首先在美国盛行，波普派画家认为抽象艺术只是少数人享用的艺术，而他们则要打破艺术与生活、实体与艺术之间的界限。波普艺术的题材大多取自美国的流行文化，即电影、场景、商业广告、连环漫画等为人们所熟悉的事物和人们日常接触的事务。这种艺术很快就在纺织品图案中反映出来，首先在欧洲和美国流行起来，然后迅速扩大到整个世界，1986年初再度流行。波普图案多取材于商业广告题材，所以又被称为“广告图案”。波普艺术中经常以连环画为题材，用夸张、比喻、寓意的手法，描写生活中一些有趣的片段和反映社会政治生活中的一些情节。

图2-27 波普图案服装

图2-28 “蒙德里安”作品与耐克鞋的设计结合

图2-29 波普图案服装（将玛丽莲·梦露的头像印制在服装上）

伊夫·圣·洛朗的“蒙德里安”系列就是著名的波普艺术风格的服装作品，将蒙德里安的几何形绘画印制在服装上，显示出理性的科学的形式美。（图2-27，图2-28）20世纪90年代中期出现的一些印有各种幽默语言的T恤衫，是波普艺术风格的又一体现。

2001/2002年的秋冬服装中，波普风格再度盛行。将玛丽莲·梦露的头像印制在范思哲的系列服装上，以及利用一些雕塑等素材，潦草的字迹、经典的黑白条纹等，使用各种面料的混合，海报、报纸等材料的裁剪，都具有波普艺术风格。（图2-29）

三、数字化图案

20世纪末，飞速发展的科学技术迅速进入印花图案领域，极大地开阔了图案设计空间，并且在数字化技术的支持下，真正地实现了色彩无极限。电脑分色技术日趋精确，摆脱了以往的印染技术对图案套色的限制，使得图案形式朝多样化发展。设计师能想到的色彩，都可以通过数字化技术表现出来，如利用摄影技术与光学技术形成的光像影图案。光像影图案犹如浮光掠影、蓝天彩霞、珠光宝色，其斑驳陆离、光彩照人。数字化技术在图案设计中的应用，丰富了图案的设计形式，增加了图案的表现手法，同时节省了设计师的时间，提高了工作效率。设计师可以通过数字化技术，非常高效地完成图案的加工处理，并且可以利用软件对图案颜色进行比对，选用最优方案。数字化技术的运用极大地简化了设计流程，从二维、三维角度对现代图案设计进行新的阐述。

21 世纪的数字化印花图案接踵而来，并显露出与以往截然不同的风格。风景图案可以采用世界各地的景色为题材，如以美国式摩天大楼为主的现代城市风景，或者是日本富士山、荷兰风车、法国教堂等名胜。此外，还有建筑图案、老式汽车图案、航海图案、体育图案、文字图案、工业图案等，迎合了当时的复古思潮。

第三章 服饰图案的工艺表现手段

图3-1 筛网印花

该工艺流程主要分为设计、出菲林、制版、印花、烘干几个步骤。

第一节 印花工艺与服饰图案设计

一、机械印花

使染料或涂料在织物上形成图案的过程为织物印花。印花是局部染色，要求有一定的染色牢度。印花织物的色泽数目称为“套色”。从印花方式看，有手工印花和机械印花。主流的机械印花方式有筛网印花、辊筒印花。

1. 筛网印花

筛网印花是在筛网上，按照印花图案封闭其非花纹部分的网孔，使印花色浆透过网孔沾印到织物上的一种印花方法。（图3-1）

筛网印花包括印花筛网的准备。印花筛网由紧绷在木制或金属框架上，用锦纶、涤纶或金属制成的且有细网眼的丝织物而制成。在筛网织物上，要涂上一层不透明的无孔薄膜。有花纹处，要除去不透明薄膜，留下有细网眼的网版。这一网版区域就是将要印制图案的部位。

印花时，先在待印花的织物上放置好筛网，然后把印花浆倒入印花框内，再通过刮刀迫使印花浆从筛网的网眼处透过而印到织物上。

印花图案中的每一种颜色独自需要一个筛网，目的是分别印制不同的颜色。例如三套色印花需要三个网框，把三种颜色分别印到织物上。另外，图案中每种颜色的花纹必须在筛网上精确定位，以便印花后花纹位置准确，避免如一朵玫瑰花的绿茎被印在红色花瓣中间的现象出现。（图3-2）

筛网印花有手工筛网印花、自动筛网印花和圆形筛网印花，应用原理基本相同。圆形筛网印花是目前应用最广泛的筛网印花方法。

2. 辊筒印花

辊筒印花好比报纸印刷，是一种每小时能生产超过549米印花织物的高速工艺。这种方法也叫做机械印花。在辊筒印花中，图案通过雕刻辊筒印在织物上。铜辊筒上可以雕刻出紧密排列的十分精致的细纹，因而能印十分细致、柔和的图案。例如精细、致密的佩

图3-2 T恤图案筛网印花

图3-3 辊筒印花

图3-4 刻纹铜辊筒印花

作者：徐倩

作者：袁沁雪

图3-5 数码印花图案

兹利涡旋纹印花，就是通过辊筒印花印制的。花筒雕刻应与图案设计者的设计图稿完全一致，每一种花色各自需要一个雕刻辊筒。在大多数情况下，辊筒制备和设备调整的成本高，耗时长，如果每种花样的生产批量不是非常大，使用这种方法就不大经济。

雕刻花筒的尺寸取决于印花机和印花图案。大多数印花机可配置最大周长约为406毫米(16英寸)的花筒，也就是说，印花花纹的循环大小不能超过406毫米。花筒的宽度应略大于印花织物的宽度，以便织物包括布边在内能完全被印上图案。一旦准备好，印花辊筒几乎可以无限时地使用。（图3-3，图3-4）

辊筒印花工艺的产量高，成本较低，适合印制比较精致的纹样，但常受到纹样大小及套色数量的限制，印制织物的幅宽较小，印制的色彩浓度也稍差，已不再是主流的印花工艺。

3. 转移印花

转移印花始于20世纪60年代末。它先将染料色料印在转移印花纸上，然后通过热处理使转移印花纸上的图案中的染料转移到纺织品上，经固着而形成图案。

目前使用较多的转移印花方法是利用分散染料，在合成纤维织物上用干法转移。印花时，将转印纸上有花纹的一面与织物重叠，经过高温热压，分散染料（一种能升华的染料）通过升华而变成气态，由纸上转移到织物上。印花后不需要水洗处理，因而不产生污水，可获得色彩鲜艳、层次分明、花型精致的效果，但是存在的生态问题是大量的转移纸印后很难回收利用。

4. 数码印花

数码印花是利用数码技术进行印花的一种技术，分为酸性数码印花、活性数码印花、涂料数码印花、分散热转印印花和分散直喷数码印花五种。随着计算机技术的不断发展，数码印花技术也在逐渐成熟。数码印花产品相较于传统印花产品，色彩上更加还原原色，图案的精确度更高。数码印花涂料中的树脂含量极少，不会影响原织物的手感，所以数码印花产品更加轻薄、柔软。同时，由于数码印花过程中染液装于专用盒中并按需喷射到织物上，整个过程无污染，符合绿色、环保的可持续发展要求。（图3-5）

二、手工印花

1. 扎染

扎染，古代称为扎缬、绞缬，是我国传统的防染印花工艺之一。它起源于民间，相传早在秦汉时期就已经开始流行。它的制作工艺是用线绳捆、缝的方式，使坯布成为一定的折叠状后捆扎牢固，再进行染色而获得图案。

扎染的制作方法很多，变化丰富。其中缝绞法是最常用、变化最丰富的一种方法。绑扎法是按照专门的花型设计排列并折叠坯布，或有规律和随意地将坯布进行绑扎染色。如中国古代著名的鱼子缬、鹿胎缬、醉眼缬等小中点或圆形纹样，都是用此方法染得的。打结法是最简单的绞缬方法，只要根据需要，在坯布的某些部位打上大小不同、疏密有致的结，然后进行染色即可。另外，如扎经染色，也是传统扎染工艺的一种。它是将整好经的丝线按图案要求先进行染色，然后再织造，这样织出的花纹因不能完全对色而有一种朦胧的美感，很有特色。（图3-6）

图3-6 扎染制作方法

扎染工艺的染色设备简单，操作方法易学，纹饰变化自由，晕色变幻莫测，经过绞扎染色而自然形成的纹理变化和斑斓的晕色效果，更是独具魅力。用扎染染成的纺织品深受世界各国人民的喜爱，不但可以用作一般纺织品的面料，也可用作特定设计的服装面料。

2. 蜡染

蜡染因用蜡作为防染剂而得名，也是我国古老的传统印花方法之一。《贵州通志》记：“用蜡绘花于布而涂之，既去蜡，则花纹如绘。”蜡染是用石蜡、蜂蜡、松香等作为防染材料，在棉布、丝绸等织物上不需显现颜色的花纹部位进行涂绘，再进行浸染或刷染，将织物的无蜡部位染成颜色，然后在沸水或特定溶剂中除去蜡渍，使织物显出花纹的印染方法。蜡染在染色过程中，由于涂蜡部位会产生自然的裂纹或有意折出的裂纹，染液渗入后会形成独特的“冰纹”效果。蜡染的涂蜡方法，主要有绘蜡、点蜡、泼蜡、凸版印蜡、型版刮蜡等。我国蜡染现主要产区为西南少数民族地区。世界其他国家和地区如非洲、印度尼西亚、印度、日本和拉丁美洲也流行采用蜡防花布作为家用纺织品面料。（图3-7）

图3-7 蜡染服饰图案设计（作者：吴蓉）

图3-8泼染印花服饰图案设计

3. 泼染

泼染是近年较为流行的手工印染方法之一。其制作方法是，用酸性染料在丝绸面料上随意泼色或刷色，然后趁其未干时向画面上撒盐，借助盐的碱性与染料的酸性中和作用，在丝绸上形成自然流动的抽象纹样，这种纹样具有自然的色晕和朦胧的美感。泼染所用织物以双绉、素绉缎和真丝缎等厚重织物为好，染料适宜采用弱酸性染料。（图3-8）

第二节 提花工艺与服饰图案设计

提花工艺，是以经线、纬线的浮沉交错组成凹凸花纹，并通过纤维性能、纱线形态、织物组织的变化显示出各种材料的质地、光泽、纹理等效果的面料设计方式。

长期以来，提花图案设计已形成自己专业的独特术语，即排列、布局、图案风格和流派。从整体来看，提花图案的设计受工艺的制约，这决定了其基本形式，即上下、左右四个方向连续而成的四方连续图案，纬向尺寸依据织机装造、成品匹料的幅宽而定，经向的上下、左右单元的衔接则与花回的拼接法有关。

近百年来，提花织物的设计一直沿袭着图案设计、意匠、轧纹版、织造的一整套传统工艺，必须熟悉品种的组织结构和特点，特别是在花回的拼接中，既要照顾到单元花回的上下和左右，在统一中富有变化，又要防止“出路”。这里所谓的路，从工艺角度来说大致分为以下三种：

1. 花路

在图案结构中，由于设计者过分强调疏密的对比，导致某一个方向上过于密集，最终在图案四方连续后形成直、横、斜三种花路。

2. 空路

散点式排列时，某一部分的造型甚稀，空地云集，出现经纬空路。

3. 色路

着色时，在某一个局部造型上，一味追求过分渲染，色彩冷暖对比强烈，连续后产生色路。

图3-9 针织提花面料图案和服装设计

图3-10 提花面料图案

提花图案的设计师对工艺技术的了解和熟悉是十分必要的，将所设计的图案与生产可能性、生活实用性密切结合，更好地利用面料的性能特点，融合在灵活的设计与技巧之中，是提花图案的特殊的构图创作要求。（图3-9，图3-10）

第三节 手绘工艺与服饰图案设计

手绘是直接用笔蘸取染液，在织物上描绘花纹的一种印花方法。手绘用笔挥洒自由，受工艺限制少，方法简便，具有机器印染无可替代的优点。它的画法多样，色彩丰富，风格变化因人而异。

手绘可根据消费者的不同喜好和要求进行选材造型，精心绘制，能较好地体现服饰面料个性化的追求。中国西汉时期的印花敷彩纱就是型染和手绘结合的典型例子。日本友禅染最初的方法也是一种手绘工艺，用毛笔或其他工具，将防染糊在织物上描绘出图案的轮廓线，然后进行染色。

近年来流行一种隔离胶手绘，用特定的隔离胶液，绘出纹样的边线，再进行染绘。这种方法能绘制界面清晰且较细腻的纹样，许多手绘纺织品面料采用此法。（图3-11~图3-13）

图3-11 手绘图案

图3-12 手绘T恤

图3-13 手绘鞋

第四节 蕾丝工艺与服饰图案设计

服装上使用的“蕾丝”，泛指各种花边，大多是机器生产的。手工制作蕾丝时，先把设计好的图案放在下面，将丝线绕在拇指大小的小梭上（一个普通的图案需要几十把或近百把小梭），采用绕、编、结等手法制作完成。每一款蕾丝作品一般都是一个人独立完成的，这使得蕾丝具有独一无二的艺术特性，深受贵族的青睐。手工制作的蕾丝，用于高级的时装或婚纱，也用于桌布、床品、窗帘与家纺饰品的点缀。

通常，蕾丝编结完工后进行染色处理，而高级的蕾丝要先进行纱线染色。这些手工制作的蕾丝，都用于高级时装或王室的室内用品。蕾丝产品走精致路线，采取全球限量生产的方式，每一批蕾丝制品都要经过注册，售完就不再生产，在国外，深受贵族的亲睐。蕾丝的图案设计讲究图案的疏密编排，可以通过图案本身的结构来表现，也可以通过蕾丝在服装上的布局来实现，达到画龙点睛的艺术效果，同时也降低手工的成本。蕾丝图案的色彩以白色等素色为主，图案的造型层次全凭借网眼结构和疏密来实现。（图3-14）

图3-14 蕾丝服装设计

第五节 刺绣工艺与服饰图案设计

中国的传统刺绣，又称丝绣，是中国优秀的民族工艺之一。它与我国的印染工艺并驾齐驱，在中国服饰史上驰骋了几千年。据《尚书》记载，在4000年前的章服制度中，就规定了“衣画而裳绣”。可见，那时已经有手工刺绣。《诗经》中也有“素衣朱绣”的描绘。在宋代，崇尚刺绣服装的风气逐渐在民间广泛流行，这也促进了中国丝绣工艺的发展。明代时，刺绣品已成为一种极具表现力的艺术品，形成了极具区域特色的苏绣、粤绣、湘绣、蜀绣，号称“四大名绣”。到了清代，刺绣不仅享誉海内，而且蜚声海外，不少国外商人络绎而至，大量订购中国绣品。（图3-15）

当今的刺绣工艺以电脑绣花为主，电脑绣花机是当代先进的绣花机械，它使传统的绣花产业有了质的

图3-15 古徽州刺绣兔儿童帽

此帽结合采用了打籽绣、锁边绣、贴边绣、辫绣、贴补绣等传统刺绣技法。

图3-16 手工平绣
清末徽州民间服饰图案（局部）。

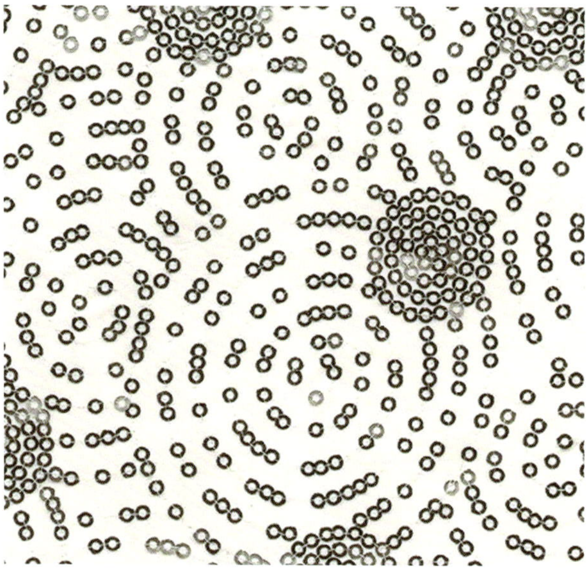

图3-17 金片绣

飞跃。电脑机械生产，不但实现了高速度、高效率，还能满足刺绣生产行业低成本、高效率的发展需求，将刺绣工艺更加大众化。

不论在国内还是国外，不论是手工绣花还是机器绣花，刺绣的针法、表现形式、工艺程序和用材都有一个固定的模式。按绣花的制作工艺分，有以下几种类型:

1. 平绣

平绣是最常用，也是最传统的一种绣花工艺。此法采用绣线，通过不同的针法来表现图案，制作工艺较为简单，主要靠图案、绣线和针法的变化进行创新。（图3-16）

2. 金片绣

金片用作重要的绣花元素缝制在底布上，可达到表现局部图案或全部图案的目的。有些电脑绣花机已经具备金片机器绣的功能，金片的应用越来越广泛，在图案中的使用也越来越多。（图3-17）

3. 贴布绣

贴布绣也叫镶绣，是在一块底布上绣花时，贴上另一块面料，用来表现图案的不同肌理块面效果。在贴布的边缘通常用平包针锁边。（图3-18）

4. 雕绣

雕绣也叫镂空绣，是在已经绣好的布料上，按照预设的图案进行局部镂空，从而形成一种浮雕效果。

5. 绳绣

绳绣是用细绳以平针前行，形成图案轮廓和装饰线条，用来强调图案的形状和立体感。

6. 盘带绣

盘带绣是用不同形状、不同质地、不同宽窄的带子，按平针的走法在底布上盘出图案的形状。用此工艺表现的图案风格粗犷大气。

7. 水溶绣

水溶绣是用水溶布做底布，上面用平绣针法绣好紧密相连的图案，再用高温水煮，褪去水溶布，只留下线绣图案。此工艺的难度较大，常用作其他绣花的点缀。由于水溶绣的效果细腻精致，出现了在透明底布上通过平绣仿造水溶效果的图案风格。

8. 手工珠绣

手工珠绣是指在已有的平绣面料上，按图案设计，手工缝上大小不同、形式各异的辅料，如圆珠、米珠、亮管、亮片，及各种布花、羽毛等，使原本的平绣锦上添花。（图3-19）

9. 乱针绣

乱针绣是把画理与绣理结合在一起而创造出来的一种新的刺绣艺术，其作品是采用特殊的乱针技法制作的“针画”。用针线为工具，将不同方向、不同颜色的直线条交叉、重叠、堆积，以表现物体的体积感、前后物体的空间关系和色彩变化。乱针绣特别注重色彩效果，层次比一般刺绣品多得多。色彩堆厚些，其色彩效果才能显示出来。所以，乱针绣作品看上去像一幅油画。（图3-20）

图3-19 厦门珠绣（国家级非物质文化遗产）

图3-18 手工贴布绣

民国徽州民间儿童口涎图案。

图3-20 常州乱针绣（国家级非物质文化遗产）

第四章 基础图案设计

图4-1 写生图案

第一节 图案概述

一、 定义

“图案”一词源于英文单词“design”，具体有三种意思：图案、设计、意匠。图案即图样、方案；设计即设想、计划；意匠即意图、匠心。（图4-1）

“图案”一词，广义上指对器物的造型、结构、色彩、纹饰进行设计，然后按设计方案制成的图样；狭义上则指器物上的装饰纹样和色彩。

二、分类

图案从理论与实践的关系看，可分为基础图案和工艺(专业)图案两大类：基础图案是入门基础；工艺（专业）图案是在生产实践中的应用，适用性和经济性的要求更为严格。从用途上分，图案可分为实用图案和观赏图案。从组织形式出发，图案可以按照图4-2所示进行分类。从表现形式上分，图案有具象图案和抽象图案。其中，具象图案又包括植物图案、动物图案、人物图案和风景图案。具象图案是以装饰手法表现的自然与生活中的具体物象，无论怎样夸张、变形，人们仍能看出它们的形象特征，并体会到一种形象美感。抽象图案是相对于动物、植物、人物等以具体形态为素材的图案而言的。抽象图案基本以点、线、面和肌理效果为主要表现对象，是现代图案设计的主要内容之一。抽象图案是采用点、线、面等造型元素，按照一定的形式美法则，排列组合而成的几何形图案或纹理性图案，表现的是一种秩序化、韵律感的美。（图4–3）

图案	单独纹样	自由纹样
		角隅纹样
		适合纹样
		填充纹样
	连续纹样	二方连续纹样
		四方连续纹样
		边缘连续纹样

图4–2 图案的组织形式分类

图4–3 写生图案及其在夏威夷风格服饰中的应用

第二节 图案的写生与变化

人们常常通过网络、书籍、杂志或其他途径搜寻有关的图片资料，供图案设计时参考，但实物写生训练有助于收集到更好、更多的素材，对提高观察能力、对自然美的感受能力和绘画的概括表达能力都非常有益。

一、写生要领和步骤

花卉图案在服饰图案中最为常见。对于花卉写生，要注意抓住对象最具代表性的特征，选择最美的造型姿态，以最合适的角度进行描绘。同时要观察物像的外形特点，外轮廓不仅能有效地表现物像的特征，而且与纹样的组织有密切的关系。抓住物像的结构和表面纹理，对物像进行直接归纳写生。写生方法有线描法、明暗写生法和彩绘法等。

二、图案变化法则

图案变化是指根据内容的需要，在符合设计立意的基础上，依照形式美法则，对写生得到的自然物像的外形结构、色彩等进行解体、取舍、加强和重新组合，创造出新的图案形象，使之适合于特定的工艺、材料和特定的用途。（图4–4）

图4–4 写生图案原型

1. 图案变化的类型

图案变化大体可分为写实变化和写意变化两类。

(1) 写实变化

根据自然形态进行概括、提炼、取舍加工而成，图案造型与自然形象比较接近。

(2) 写意变化

在写实变化的基础上，进一步简化和夸张，以加强装饰效果，不求形象的真实感，而是追求形象的鲜明和形式美感，追求高度的提炼和极度夸张的统一，追求艺术造型的理想化。

2. 图案变化的方法

图案变化的方法可以概括为简化法、夸张法、添加法、巧合法、几何法、象征法、分解法、组合法等。

(1) 简化法

简化是一种提炼过程，是艺术的再创造。它是在不失自然形象特征的前提下，力求达到造型上的简洁与单纯。在变化中要做到精心选择、删繁就简、净化提纯，创造出整体美感强的图案形象。（图4–5）

(2) 添加法

这是为了使图案的纹样更加丰富、更加理想的一种表现技法。在提炼概括的基础上，根据设计需要添加装饰纹样，以增加图案联想的装饰情趣和浪漫色彩。（图4–6）

(3) 夸张法

为突出形象特点而采用夸大、缩小或强调等方法，强调、突出自然物像中能够引起美感的主要部分，使原有的形象特征更加鲜明、更加生动、更加典型、更有魅力。如菊花的夸张变化要突出花瓣的细长、卷曲、秀丽的特色，使形象更具有生命力，给人以美感。（图4–7）

(4) 巧合法

此法是一种巧妙的组合方法，在图案中选用某种典型的特征，按照图案的规律，或巧妙地运用同一轮廓或局部，巧妙地组成新的图案形象，使它更富有艺术魅力，但要注意整体的协调性。（图4–8）

(5) 几何法

抓住物像的特征，根据工艺制作、设计要求，把

图4–5 简化法

图4–6 添加法

图4–7 夸张法

图4–8 巧合法

图4–9 几何法

图4–10 求全法

图4–11 粗线法

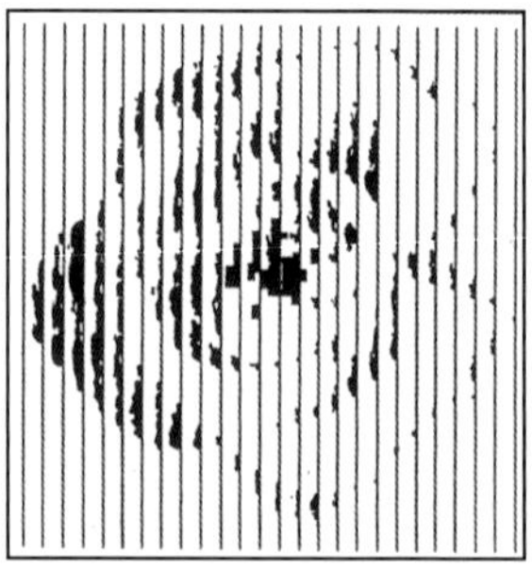

图4–12 黑白转换法

富有变化的物像处理成几何形状，使其更具有理性美和逻辑美感。（图4-9）

(6) 求全法

把不同时间和不同空间的物像组合在一起，给人以完美的感受。如中国传统图案中的龙、凤、麒麟等，就是结合了许多美好事物后创造的形象。（图4-10）

图案变化的方法还包括粗线法、黑白转换法 、线描法、点缀法、线面法、色块法等。（图4-11~图4-18）

图4-13 线描法

图4-14 点缀法

图4-15 线面法

图4-16 色块法

图4-17 图案变化综合练习

图4-18 动物图案变形在服装设计中的应用（作者：吴蓉）

第三节 图案的组织形式

从总体上讲，图案的组织形式可分为单独纹样、连续纹样两大类。这两种形式又因各自的组合形式和骨法的不同，产生出多种形式的变化。

一、单独纹样

单独纹样是指没有外轮廓和骨格限制，可单独处理、自由运用的一种装饰纹样。这种纹样的组织与周围其他纹样无直接联系，但要注意外形完整、结构严谨，避免松散零乱。

作为图案的最基本形式，单独纹样从布局上分为对称式和均衡式两种形式。

对称式又称均齐式。它的特点是以假设的中心轴或中心点为依据，使纹样左右、上下对翻或四周等翻。这种图案结构严谨、丰满、工整、规则。

均衡式又称平衡式。它的特点是不受对称轴或对称点的限制，结构较自由，但要注意保持画面重心的平稳。这种图案主题突出，穿插自如，形象舒展优美，风格灵活多变，运动感强。

单独纹样包括自由图案、角隅图案、适合图案、填充图案。

1. 自由图案

自由图案是一种外轮廓不受限制的独立存在的单独图案。（图4–19，图4–20）

2. 角隅图案

角隅图案是适应在直角空间中，受到等边或不等边的角形限制的装饰纹样。在沿边部位达到适合，另一方向则可以灵活地自由表现。（图4–21，图4–22）

图4–19 自由图案1

图4–20 自由图案2

图4–21 角隅图案1

图4–22 角隅图案2

图4-23 适合图案

3. 适合图案

适合图案是指外形适合于一定几何形和自然形，可以独立存在、独立运用的单独图案，整体形象呈某种特定轮廓的一种装饰纹样。常用的外形有圆形、方形、三角形、菱形、多边形、心形、梅花形。

从内部布局上看，适合纹样也分对称和均衡两种形式，但骨式更丰富，有立式、辐射式(离心式、向心式、结合式)、旋转式(同形、太极形)和多层式等。（图4-23）

4. 填充图案

填充图案是指在规定的空间内填充纹样，以表现主题的图案形式。它无严格的骨格，也不要求严格适合于边框。（图4-24，图4-25）

图4-26和图4-27所示为图案在服装上的具体应用。

图4-24 填充图案1

图4-26 单独图案在T恤上的应用

图4-25 填充图案2

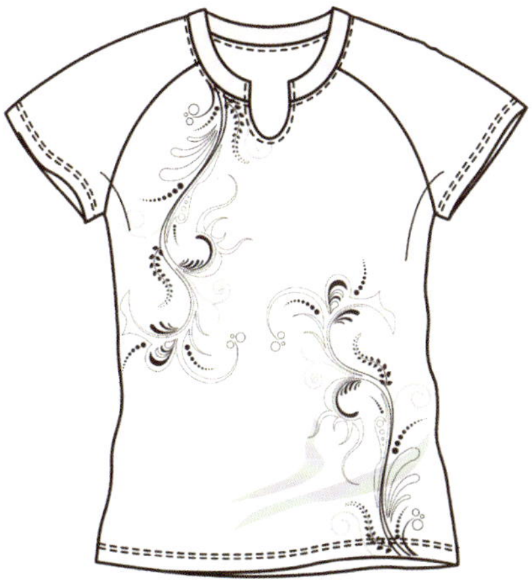

图4-27 太极形旋转式花纹（适合式）在T恤上的应用

二、连续纹样

连续纹样是由一个单位纹样，按一定的规律重复拷贝而成，可作无穷延伸。连续纹样包括二方连续图案和四方连续图案。

1. 二方连续纹样

二方连续纹样是指一个单位纹样向上下或左右两个方向循环排列，产生优美的、富有节奏和韵律感的横式或纵式的带状纹样，亦称花边纹样。（图4–28）

(1) 散点式

单位纹样一般是完整而独立的单独纹样，以散点的形式分布，散点之间没有明显的连接物或连接线，简洁明快，但易显得呆板生硬。

(2) 直立式

有明确的方向性，可垂直向上或向下，也可以上下交替。

(3) 倾斜式

倾斜排列，有并列、穿插等形式；以折线的形式排列，有直角、锐角和钝角的排列方式。

(4) 波线式

单位纹样之间以波浪状曲线作连接，其他纹样依附波浪线。

(5) 折线式

单位纹样之间以折线状转折作连接，直线形成的各种折线边角明显，刚劲有力，跳动活泼。

(6) 转换式

同一纹样朝上和朝下反复排列。

(7) 综合式

多种方式构成的二方连续纹样。

以上方式相互配用，巧妙结合，取长补短，可产生风格多样、变化丰富的二方连续纹样。（图4–29~图4–32）

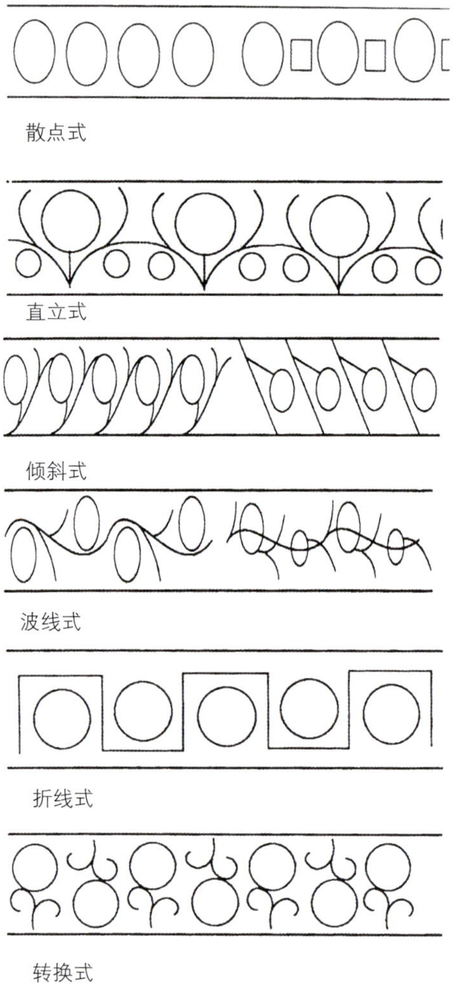

图4–28 二方连续纹样骨格图

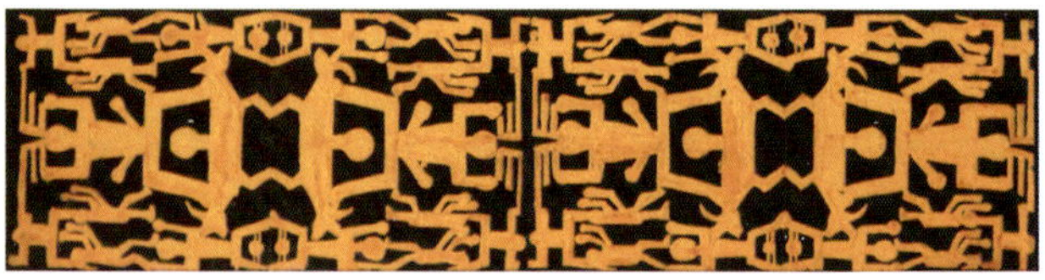

折线式

转换式

波线式

散点式

直立式

倾斜式

图4-29 二方连续图案设计

图4-31 二方连续图案在服装上的应用

图4-30 二方连续图案在针织服装上的应用

图4-32 二方连续和四方连续图案在服装上的应用

2. 四方连续纹样

四方连续图案是以一个或几个纹样组成循环单位，向上下、左右四个方向连续地反复排列，可以无穷延伸的图案形式，常用于纺织品花样设计等。（图4-33~图4-35）

图4-33 写意式花卉四方连续服饰图案（杜飞）

图4-34 作品名称：松韵（作者：刘秋荣）

图4-35 作品名称：无言的树（作者：崔颖）

设计说明：以树的形态为灵感，采用水粉手绘四方连续纹样，色彩对比强烈，体现树顽强的生命力、多样的生命形态和四季展示的不同色彩。

第五章 服饰图案设计与应用

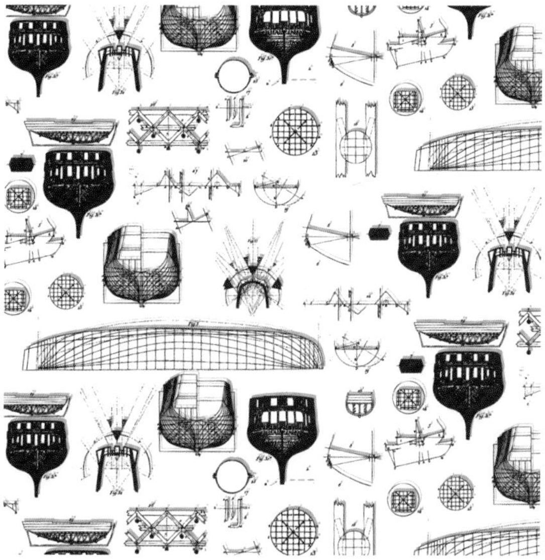

图5-1 散点式

第一节 四方连续（匹料）图案

四方连续是面料图案中最常见的纹样，是满版放置的一种图案形式，因图案的纹样、色彩和组织方法的不同而有不同的风格特点。设计四方连续图案时，只需设计一个花回（基本单位）的图案，然后进行上下、左右四个方向的反复排列，直到连续成满版的图案。

循环单位也叫花回，其尺寸根据不同的生产工艺要求确定。一般来说，四个最近距离的相同点连成的矩形就是图案的一个花回。

一、散点式四方连续设计

散点式是由一种大小不同的单独纹样，按一定规律重复排列，直到满版的形式，其纹样间基本无关联。这种形式的纹样，一般主题比较突出，形象鲜明，纹样分布可以较均匀、齐整、有规则，也可以自由、不规则。但要注意，单位空间内同形纹样的方向可适当变化，以免过于单调呆板。其排版方式有平排和斜排两种连接方法。（图5–1）

1．平排法

单位纹样中的主纹样沿水平方向或垂直方向反复出现。平排法包括以下排列方式：

(1) 一行一列一散点

设计时可以根据一个花回中所含散点数量等分，分格后依据一行一列一散点的原则填入各散点即可。（图5–2）

(2) 卷折法

运用上下边缘连续的原理，可以将单位纹样进行卷折，使上下边或左右边重合，在边缘处补充纹样，使四方连续的接版天衣无缝。此法也适用于定位图案的左右接版。（图5–3）

(3) 剪开法

可以用二切排列、四切排列或对角线斜开刀法剪切单位纹样，然后将各部分互换位置，并在连续处补充纹样，重复两次后复位，即可得到一个完整的平排式四方连续纹样。

因为四方连续纹样是由一个单位纹样向左右、上下重复连续而成的，要使其边缘纹样衔接准确，只要将其剪开，使它的左右边或上下边重合，即可绘制接版处的纹样。

水平斜接排版的剪开法如下：

① 在一个基本单位中间画好纹样；

② 沿垂直中线剪开，两片上下移动，用卷折法设计四方连续边缘接版，在重合的上下边缘处补充纹样；

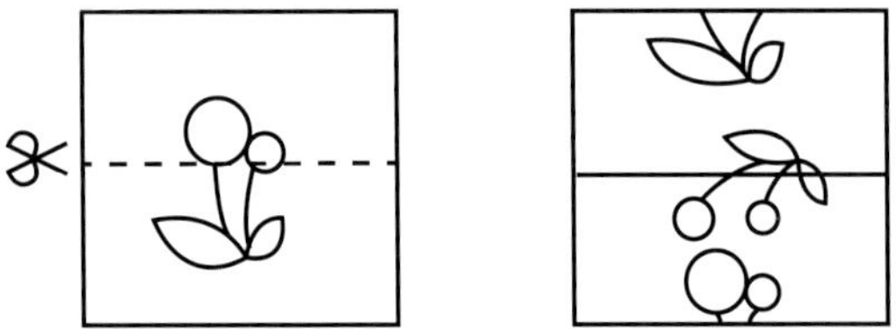

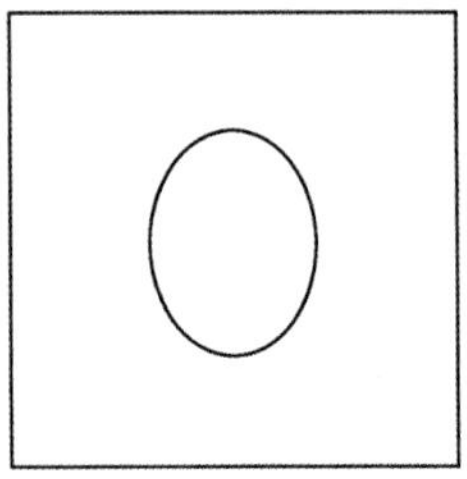

一个散点排列

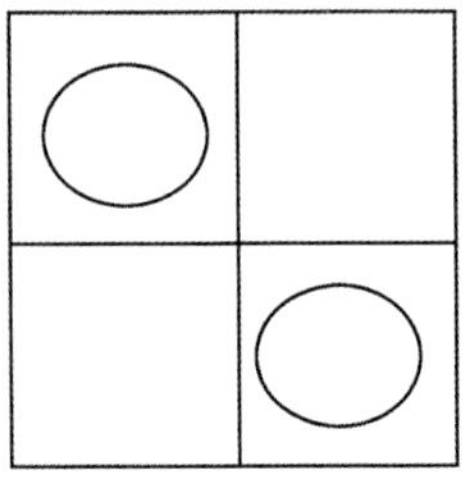

两个散点排列

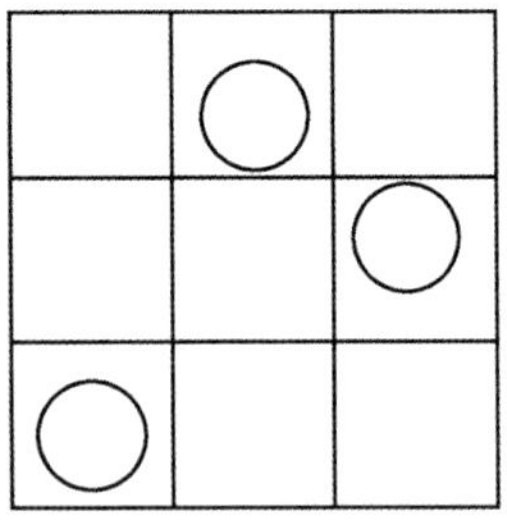

三个散点排列

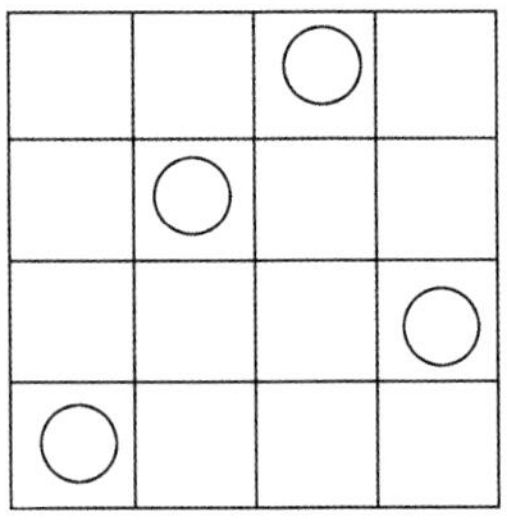

四个散点排列

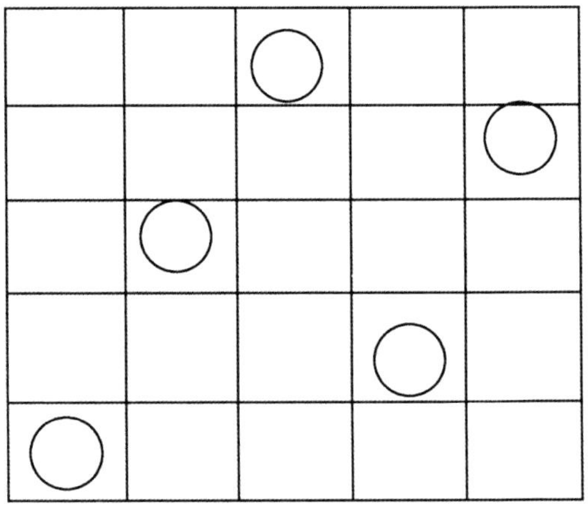

五个散点排列

图5–2 一行一列一散点

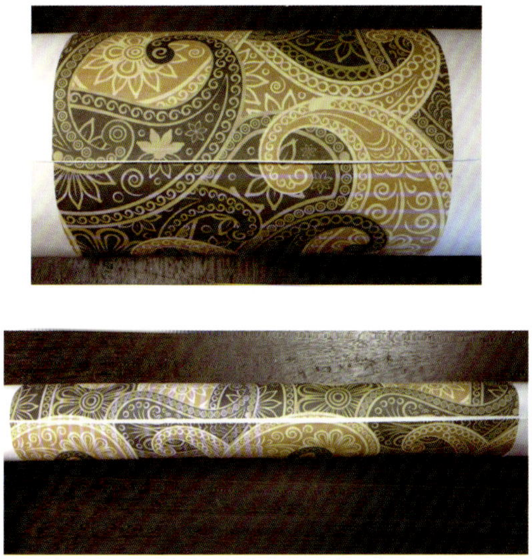

图5-3 上下或左右卷折法

图5-4 1/2错位斜接

③ 两片左右移动，在重合的边缘处补充纹样；

④ 交换两片的位置，在重合的边缘处补充纹样；

⑤ 两片归位后错位斜接，完成纹样设计。（图5-4）

平接排版的剪开法如下：

① 在一个基本单位中画好纹样；

② 沿对角线剪开，两片左右移动，在重合的左右边缘处添加纹样；

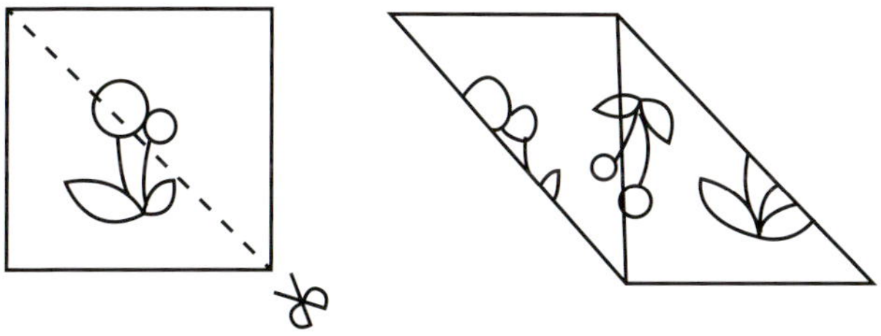

③ 两片上下移动，在重合的上下边缘处添加纹样；

④ 两片归位，完成接版。

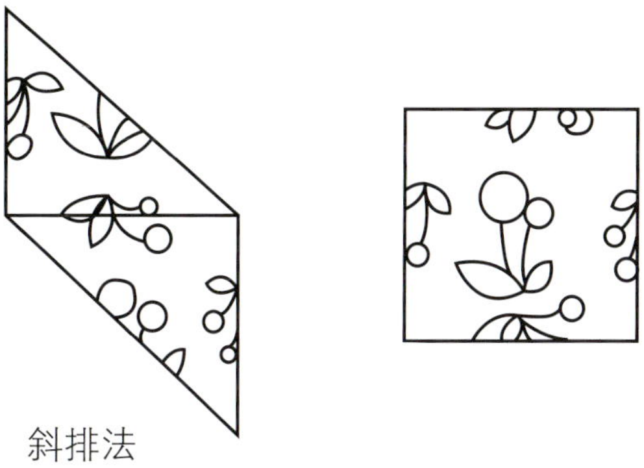

2. 斜排法

单位纹样中的主纹样沿斜线方向反复出现，又称阶梯错接法或移位排列法，可以是纵向不移位而横向移位，也可以是横向不移位而纵向移位。由于倾斜角度不同，有1/2，1/3和2/5等错位斜接方式。具体制作时，可以预先设计好错位骨架，再填入单位纹样；也可以用错位开刀法，一边设计错位线，一边添加、完善单位纹样。

图5-5 散花图案聚中式、上仰式骨格图

图5-6 散花图案下垂式、横斜式骨格图

图5-7 散花图案适合式骨格图

二、散花图案的设计

散花图案，属于四方连续的散点式组织形式。它是面料中常见的图案形式，其纹样具有较强的独立性，连续感不强，通常由1~5个纹样组成。在同样大小的花回中，单独纹样的面积越大，散点个数越少。

在一个完整的纹样循环单位中，根据设计的需要安排一个或者数个由纹样形成的散点，形成完整的纹样构成。纹样构成不但要考虑基本散点的形式与特征，同时也要考虑散点与散点之间的主次和大小、前后的变化与统一。纹样的形象应考虑不同组合、不同姿态、不同方向、不同大小、不同色彩、不同轻重等关系，从而形成丰富的纹样变化和不同的视觉效果。

散花图案常由主花、宾花、主叶、宾叶、小花构成，构图形式有以下几种：

(1) 聚中式

主花居中，四周配置其他花叶。

(2) 上仰式

花枝由下而上布局，与生长趋势一致，主花仍处于较中心的位置。

(3) 下垂式

花枝下垂，由上而下布局，主花位置偏上。

(4) 横斜式

花枝从左右斜插而下，充满动感。

(5) 适合式

散花纹样的外缘适合于一定几何形或自然形，属于适合纹样，点感明显。

在散点式花卉图案的设计中，要布局平衡，主次分明，组合自然，统一中有变化。即使为多种花叶组合，也和谐共处，丝毫不乱。（图5-5~图5-7）

三、连缀式四方连续设计

连缀式指在特定的单位面积内，通过骨格线连续排列放置单位纹样，纹样间联系紧密，较难分割。它有规则连缀和自由连缀两类：规则连缀包括阶梯连缀、菱形连缀和波纹连缀等，格式严谨规范，连续感强；而自由连缀的图案并无严格的骨格规律，只是邻近纹样间紧紧连接，互不分离，极少有大片露底。（图5-8）

四、缠枝式四方连续设计

缠枝式是以花枝为骨格线互相串连，花叶在其上或两边有序安排的一种形式。这种形式的历史悠久，在我国的传统染织图案中比较常用，而且已经形成固定的格式。现代的缠枝式图案较为自由，只要求花卉纹样间相互连接，并不拘泥于固定的骨格。上下的单位纹样间以线相连，可看作由散花图案的枝叶延伸而形成的缠枝式四方连续图案。（图5-9）

缠枝式图案有两种常用的设计方法：一是先确定主花位置，然后在主花间添加枝叶或线条，使各纹样相连；二是先确定枝干走向，确保其相连，然后再安排主要纹样。

五、几何式四方连续设计

几何式是指采用几何形，按严格的规律划分单位面积，并在骨格线内布置几何纹样或自然纹样。设计时先设计骨格线，再于其内布置纹样。（图5-10，图5-11）

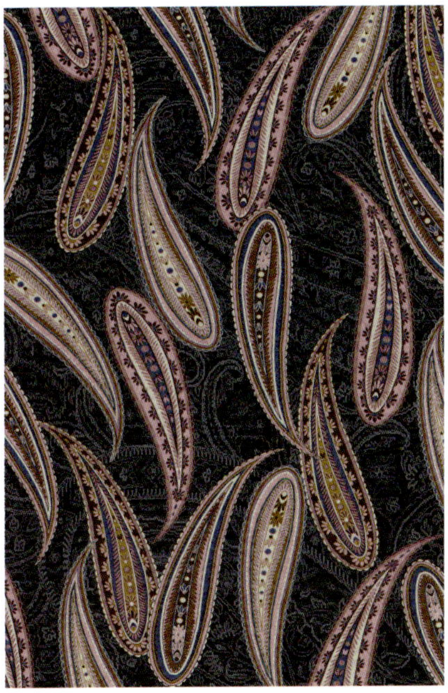
图5-8 连缀式

图5-9 缠枝式

图5-10 几何式1

图5-11 几何式2

第二节 图案在不同服装中的设计应用

服饰图案可以提升服装产品的个性化外观，形成产品的差异化竞争优势，进而引导服装的消费，增强产品的竞争力。但是，服饰图案的设计不是孤立存在的，不仅与市场需求、面料选择、采用品种、工艺条件密切联系，而且还要综合考虑其用途、特性、风格、功能等。不同的服装类别，因其穿用场合和功能各不相同，其图案的设计风格和装饰效果应有所区别。

服装上可采用图案进行装饰的部位较多。比如，通常能见到一些服装的前后下摆处有图案的装饰处理。这是别巨匠心的一种设计，图案形象和装饰部位的选择配合得颇为得体，不仅增强了下摆的丰富感和上身的空灵感，而且使整件服装具有不失生机的沉稳之态。

一、休闲装与图案设计

休闲装是一类在闲暇状态下所穿的服装，代表服装包括绒布衬衫、T恤、牛仔衣裤、棉麻连衣裙等，通常运用天然纤维面料，强调着装的舒适、随意和自由，是现代都市人十分喜爱的一种服装样式。时尚理念更赋予了休闲装个性与高品位的特征。休闲装的图案设计内容广泛，色彩丰富，装饰手段也十分自由灵活，无论是印花满地裙，还是简洁的定位绣花牛仔裤，都呈现出轻松明快、舒展自如的风格特征。

尽管休闲装对图案的选择比较自由，但也应当注意穿着者所在地区的风土人情和心理习惯，避免不恰当的服饰图案所产生得误会或错觉。如使用外文字母时，一定要谨慎选择，弄清字义，避免出现不文明的语言或有映射意思的语言，减少误解。（图5-12~图5-14）

图5-12 色彩拼接图案的休闲装设计

图5-13 休闲装设计1

二、晚装与图案设计

晚装，亦称夜礼服或晚礼服，是出席晚会和鸡尾酒会等宴会时所穿的服装。男性穿无尾的小夜礼服或黑色套装，女性穿袒肩露背式夜礼服或半正式的鸡尾酒会装。

晚装一般分为两种。一种是传统晚装，女装形式多为低胸或露背、露肩、露臂、收腰、贴身式长裙。

图5-14 休闲装设计2

图5-15 中国风妈妈礼服设计（作者：常姝婍、杨雅婷）

从心理学角度讲，这些较高级的场合所具有的人身安全性较高，因此着装形式可以采用开放式设计，强调女性的人体之美，暴露的部位也较多。传统的晚装往往装饰奢华，用大量刺绣、珠片、宝石等饰物营造绚丽夺目的视觉效果，表现穿着者的优雅、华丽与高贵气质。与传统晚装相比，现代晚装更加经济、实用，充满青春活力。

古典风格的晚装、用于社交场合的晚装，图案装饰一般较多；而当今的晚装，特别是在正规礼仪场合，图案装饰一般较少（尤其是男礼服），有时只是精致的点缀，有时则作块面或边缘的装饰处理。（图5-15）

三、职业装与图案设计

职业装是各种职业的工作服的总称。传统意义上的职业服分为两大类：劳动保护服和制服。如建筑工人的安全帽、绝缘鞋，钢铁工人的石棉裤，以及汽车装配工人、车床修理工的工装裤、袖套、围裙等，都属于劳动保护服；交通、邮电、铁道、民航、军队等部门的服装均属于制服。穿着职业服装的目的是为了创造良好的工作环境和学习气氛，增强职工的责任心和自豪感，体现本部门的精神面貌，同时也给旁观者以醒目的感觉。

为职业装进行图案设计，首先要研究该职业的性质、特点，再考虑该职业的活动范围、着装者的职务和行业标识等。如餐饮业的职业装图案设计，多采用有民族特色的图案，以能够体现、烘托出地方菜系的特点为宜。公共服务性行业的职业装图案设计应符合国际规范，如民航制服应以国际性图案语言为主，融入某些具有民族和传统文化特色的象征性图案。一些特殊行业的职业装图案设计一般比较谨慎，如医务行业的职业装上，很少会出现具体的图案。在这种情况下，可以按照该职业装的行业标识和所在单位名称进行图案设计。

四、运动装与图案设计

运动装的功能在于把着装者带入运动的状态，不同的运动有着不同的着装要求。职业运动员的比赛服具有一定的表演性质，图案上要求醒目和对比感；而普通人在健身、娱乐、玩耍时所穿的运动装更侧重舒适和方便，图案样式多样灵活。通常概念的运动装强调鲜明的动感，图案色彩高度对比，以营造出简洁、活泼、积极、明朗和力度感，以几何图案和抽象图案为主，也有以队标、徽章及文字构成的图案。（图5-16，图5-17）

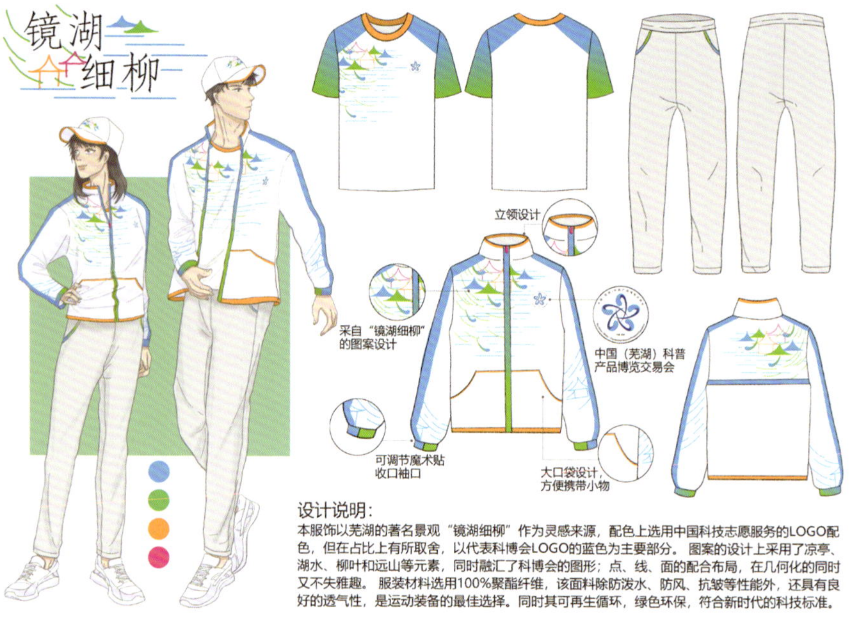

图5-16 作品名称：镜湖细柳（作者：崔颖）

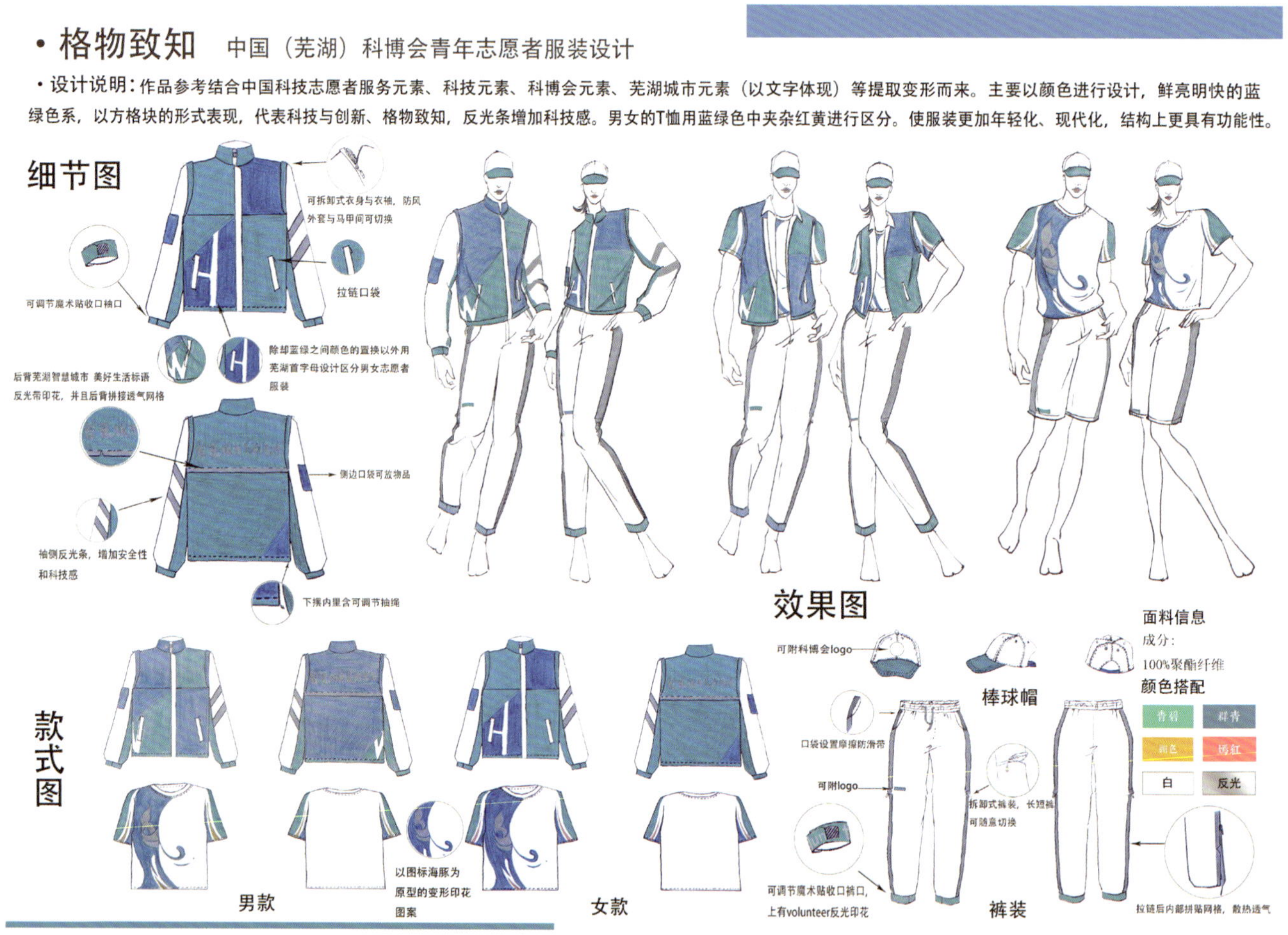

图5-17 作品名称：格物致知（作者：周皖韵）

五、女性内衣与图案设计

女性内衣是指穿在外衣里面的服装，具有一定的私密性，主要包括胸衣和内裤，具有保护身体、矫正体形和衬托外衣等功能。女性内衣经历了百年的发展历史，可谓是社会文明的进程和服饰文化的印证。如今，名贵的内衣成为生活质量的代表之一。图案在女性内衣设计中是必不可少的元素，通过图案，可强化和突出内衣造型与结构，对主要部位进行装饰。由于内衣贴身穿着的特性，在材料与款式结构上要求符合生理与科学性，同时要满足视觉的亲切和审美，因而内衣的设计伴随着制作精良、华丽繁缛、秀丽细腻、亲和朦胧的视觉特性。内衣图案在色彩的处理上往往比较单纯和谐，白色、粉色、肉色等亮色系是最常见的传统用色，黑色与中国红色系也是现代内衣的常用色彩。内衣图案最常见的形成工艺是蕾丝镂空、刺绣镶钻、缎带缝缀，图案疏密对比，且强调边饰。（图5-18，图5-19）

图5-18 四方连续图案与内衣设计

图5-19 内衣设计

六、男装与图案设计

历史上的男装并不缺少图案的装饰，而在现代社会，由于男性的社会地位和承担的职责，男人的着装更多表现出的是理性和分量感，图案局限在衬衫和领带饰品设计中，多以条格或文字等理性化抽象图形为主导。如今的时尚风在悄然地改变着男装的审美习惯，阳刚之美不再是唯一，而阴柔之美则成为多元样式的重要体现。细密的佩兹利、写实的植物、抽象的块面，印花、提花，甚至绣花，出现在各种类型的男装中，打破了传统男装的沉稳刚健、粗犷英武的特征，使男装获得了亲切平和的另一面，迎合了现代社会对男性的形象要求。与女性服装相比，男装的图案设计更强调装饰的部位，定位图案多分布在显示人体力量的胸、背、臂、肩等关键位置，图案也多追求粗犷厚重的造型特征。（图5-20，图5-21）

图5-20 男装图案设计（资料来源于《国际纺织品流行趋势》）

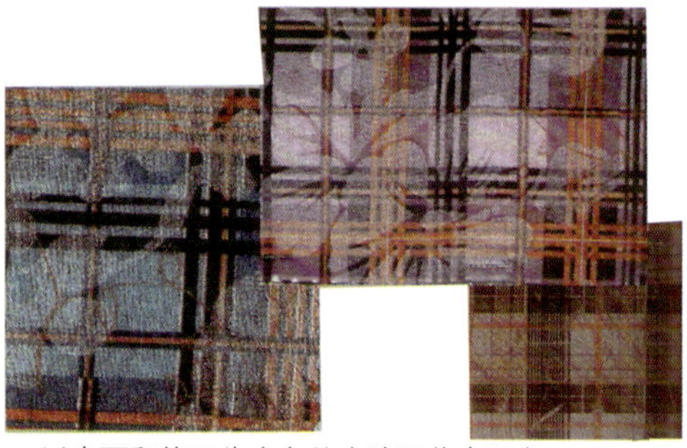

以大面积格子为底色的水洗旧花卉图案

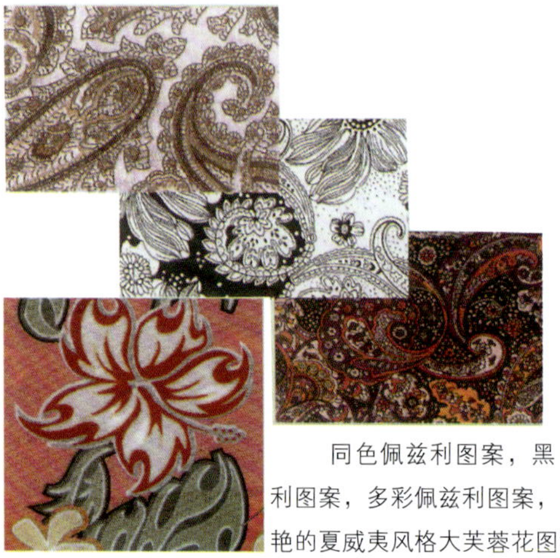

同色佩兹利图案，黑白佩兹利图案，多彩佩兹利图案，以及鲜艳的夏威夷风格大芙蓉花图案

图5-21 图案主题：热带雨林

灵感来源：设计师跨越重洋到古巴寻找创意灵感，在这一季服装中运用多种色彩来体现引人注目的异国色彩。关键词：做旧的猎装夹克；暗哑的佩兹利纹印花衬衣，休闲西服套装；斜纹丝光棉裤；白色紧身仔裤；夏威夷风格的衬衣搭配背心；水洗和扎染的裤子；条纹POLO衫搭配领带；脏污处理的精裁夹克；宽松的百慕大短裤搭配棉衬衫；雨林风格的树叶及热辣的印花。

七、童装与图案设计

相对其他服装设计而言，图案与童装是结合最为紧密的设计元素，童装因图案而获得精彩、灿烂的视觉特性。简洁的花卉、跳动的色块文字、拟人化的动物是童装最常用的图案内容。印花连续纹样是童装上最多采用的图案表现工艺，由于印花工艺价廉和便于洗涤，因此非常适合儿童服装的穿着特点。绣花定位纹样是另一种常见的图案表现工艺，多装饰在胸前、领边、下摆、袋口、膝部等较醒目的位置，色彩多为高明度的亮色系，以表现童装整体的单纯清新和明快美好的风格。近年来动画卡通造型的流行，也反映在童装的图案设计中，米老鼠、维尼熊、贝蒂、铁臂阿童木、凯蒂猫等卡通造型被注册和授权，成为童装图案设计的新亮点，也深受儿童的喜爱。（图5-22~图5-24）

图5-22 作品名称：我们的奥运“绘”（作者：李沫）

图5-23 童装图案设计1

图5-24 童装图案设计2

八、针织服装与图案设计

针织服装是按材料织造方式划分的一种服装类别，由棒针进行手工编织发展而来，是机械或手工编织的服装之总称，可编织成型或用针织面料剪裁后缝合而成。

由于具有较大的收缩性，质地柔软且具有良好的吸水性和透气性，针织物经常作为内衣、运动装和便装的面料使用。这类针织服装的图案设计，要充分考虑服装的功能性和着装环境。

由于材料和工艺方面的特点，针织类服饰图案往往比较简单，即便是复杂的形象，也需要进行简化处理，使其具有平面化的装饰特征。如在外轮廓上删繁就简，强调对象的最主要特征；或在光影、层次上尽量压缩，使原本立体的物像平面化。此外，纱线自身的外观特征或纱线的色彩也不宜过于繁杂，在设计时应注意纱线交织形成的肌理效果，可创造出极具视觉冲击力的个性化针织服饰图案，使形象的塑造更加典型化。

几何图案是针织服装设计中最丰富的设计语言。它给了针织服装多种表情，使得针织服装的风格更加多元化,更具有生命力和艺术感染力,推动着针织时装界的各种时尚风潮，如波西米亚、时尚运动、欧普、民族装饰主义等风格。与具象图案不同，抽象图案在设计风格上有更大的变化空间，可以根据服装定位的不同，运用于各个年龄层次的针织服装。由于针织服装本身的工艺特点，在生产上，几何图案有更强的可操作性，生产成本较具象图案更低,更适合针织品的规模化生产。（图5-25，图5-26）

图5-25 针织服装图案设计1

图5-26 针织服装图案设计2

此系列的针织衫设计，专注于新颖的图案与肌理的混合。将满幅的精细条纹和微细菱形图案，以及粗犷的图案进行组合，结构与肌理的结合产生了惊人的效果。不对称分布的结构是本系列款式的关键。

第四节 服饰图案在服装配饰中的运用

一、帽饰图案设计

帽饰主要指以帽子为代表的头部和脸部的服饰品。帽子具有保暖、遮阳、防风沙等实用功能。在中国文化中，把帽子称为“冠”和“冕”。除了实用的功能之外，帽子还具有象征权力和地位，以及装饰的功能。帽子的名目很多，造型样式更是繁多，材料和工艺也大相径庭。帽饰图案设计是指围绕人的头部进行的相关图形的设计，现代时尚理念下的标新立异和材料的多样化体现出设计师的个性化造型主张。（图5-27~图5-30）

帽子的设计应从以下四个方面考虑：

① 帽身。帽身的变化可以通过帽顶的变化（或取消）或改变帽墙的长短（或增加层次等）来实现。

② 帽檐。帽檐是整个帽子中最容易变化、最具有创造性的一个部分。可以采用加宽、变窄、翻卷、切割、折叠、起翘、倾斜、取消等方法进行变化。

③ 增加帽子的装饰。

④ 帽子的材质应该与服装面料一致或协调。

图5-28 针织帽子图案设计

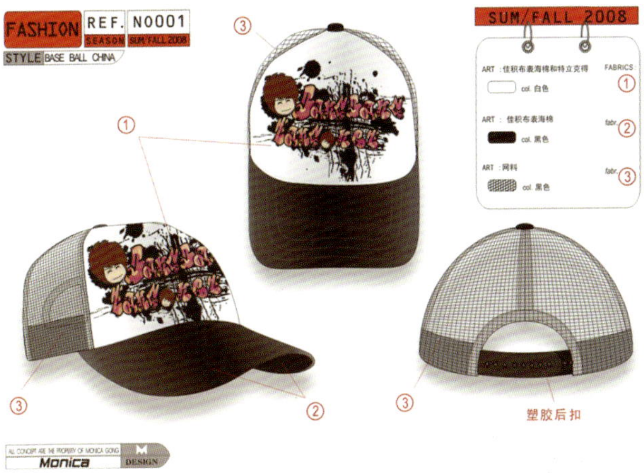

图5-29 帽子图案设计

图5-27 帽子图案设计

菲利普·特里西于1996年设计的一款气势磅礴、令人印象深刻的女帽。

图5-30 各种针织帽子图案设计

二、围巾图案设计

围巾的历史久远，各民族都有其独特的佩戴方式。传统的围巾是指一种由丝、毛等面料制作，围在颈脖、肩部、头部的服饰用品，具有防寒、防风、防尘、装饰等功能。围巾的种类，因使用部位和方式的不同而被细分为披肩、头巾、领巾等，也因形状的不同而被细分为长巾、方巾、三角巾等，还因材料的不同被称为丝巾、纱巾、羊毛围巾等。围巾的功能、材料、工艺、款式、佩戴样式的多样性，使围巾的图案十分丰富，不同的服饰文化更赋予围巾图案缤纷斑斓的面貌。经典而华美的克什米尔披肩成就了佩兹利图案，现代工艺与材料的发展和新锐的理念更赋予围巾图案全新的视觉体验，成为展现时尚服饰图案的重要门类。（图5-31~图5-33）

图5-32 丝绸之路 18世纪 法国里昂丝巾设计

图5-31 丝巾制作

爱马仕丝巾的制作，汇集了无数精美的工艺，以法国里昂区为基地，从设计到制作完成，必须经过严谨的七道工序：主题概念至图案定稿→图案刻划、颜色分析及造网→颜色组合→印刷着色→润饰加工→人手收边→品质检查与包装。

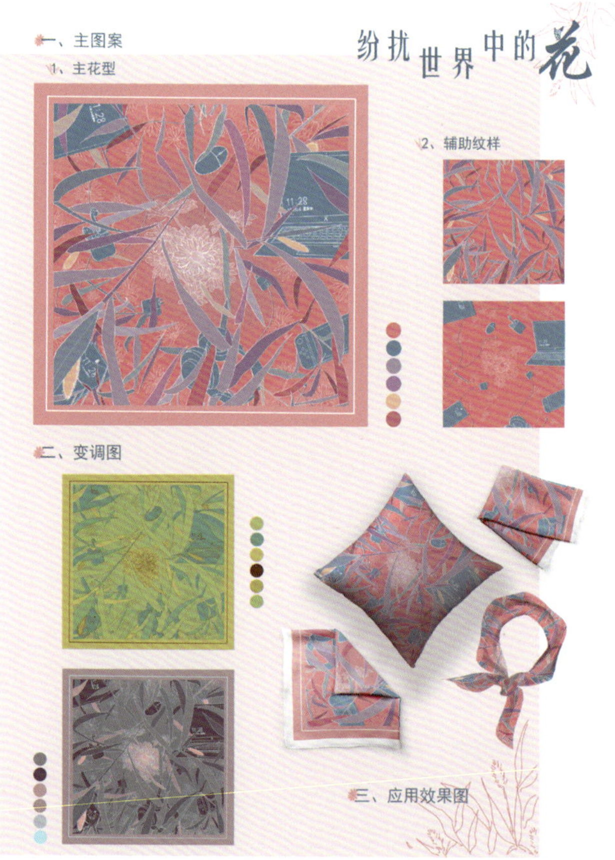

图5-33 围巾图案设计

三、鞋子图案设计

鞋的图案设计，经过专业鞋类设计师的款式设计后，采用印、绣、手工钉等技术加工手段进行表现。鞋子因其功能、材料、款式的不同而被冠以各种名称，如运动鞋、凉鞋、拖鞋、皮鞋、布鞋、浅口鞋、高跟鞋、尖头鞋等。在图案布局上，传统的鞋多以鞋头和鞋的两侧为重点装饰部位。如今，设计师已把图案扩大到鞋跟，甚至鞋底，且造型和工艺繁多，有的还打破了左右两只鞋的图案对称性，以追求别样的视觉样式。（图5-34~图5-36）

一般来说， 服饰图案在鞋类设计中的运用，主要有以下几种表现形式：

1. 点状表现形式

即以局部小块面的图案呈现在鞋子上。点通常不具备方向性，通过点的大小、疏密、形态和虚实等变化，可获得不同的视觉效果和审美性。点状构成图案大多属于单独纹样，起画龙点睛的作用。

2. 线状表现形式

通过线条的粗细、虚实的变化，以及线的规则或非规则的自由形式的组合、排列，来表现图案的风格与语言。

3. 面状表现形式

一般为四方连续图案或拼接图案。面状表现的图案在鞋类设计中的应用也很广泛，与点、线风格的图案相比较，显得更为简约、粗犷，具有更为强烈的视觉效果。

4. 综合表现形式

是将点状、线状或面状综合运用在鞋子上的一种表现形式，使鞋子设计更加具有层次感和丰富感。这种表现形式运用在鞋类设计中，常常是由点构成线，再由线构成面，使整个鞋面产生既变化又统一的协调感。采用综合表现形式时，要注意主次分明，不要将点、线、面进行简单的堆砌，从而造成繁琐、拖沓的感觉。

图5-34 二方连续与鞋子图案设计

图5-35 四方连续与鞋子图案设计手稿

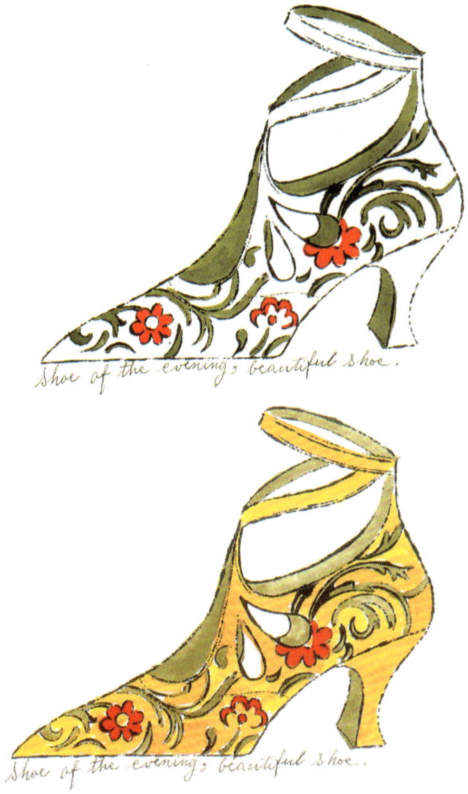

图5-36 鞋子图案设计手稿

四、包袋图案设计

包袋种类主要按照其用途的不同来进行分类，包括职业用包、时装包、休闲包、旅行包、运动包、学生包、化妆包等。（图5–37~图5–40）

1. 日常生活用包

包括背包、手提包、手袋 、化妆箱包、饰品袋、化妆箱、筒包、迪包 、休闲郊游包。在图案装饰方面，化妆包常用花边、缎带、珠子等，并附加花边、压条，或用通体彩色印花设计，外观非常秀丽可爱；迪包的体积较小，多为年轻人参加迪斯科舞会时携带，常在表面用铆钉、金属片等进行装饰。

2. 时装包

时装包是专为搭配时装而设计的，流行性和时效性极强，在图案应用上，强调新潮和时髦，有时就因为材料的缘故而流行，一部分时装包的造型与材料选用和时装的风格一致。

3. 晚礼包、宴会包

造型多变，有扇形、圆形、三角形、梯形等，线条非常柔和流畅，一般在其袋口部位加设手提部件，表面用人造珠、金属片、刺绣图案、花边、金属丝等装饰。

4. 职场用包

一般与职业装搭配使用，造型简洁，既干练又端庄稳重，表面装饰较少，但精致。

5. 运动、旅行包

包的体积较大，结实耐磨。色彩搭配和谐统一、鲜亮，或采用一些色彩对比强烈的印花图案作为装饰，也可以用背带、提带或拉锁进行装饰或配色。

6. 儿童、学生包

特点是色彩鲜艳醒目，很多学生包上印有卡通人物或动物等装饰图案形象，适合儿童心理选择。

图5–37 二战后的妇女包饰出现新的图案风貌，此款就是一只夏天用的无带棉布手包，由蓝色、绿色、白色组成方块状的抽象图案

图5–38 20世纪20年代彩绣包，非常流行的埃及风格纹样

图5–39 20世纪50年代休闲型报纸图案印花织物白天用手包。手包上饰有一幅马和骑手的织物画

图5–40 形似化妆包的印花丝绸手包，用粉红色塑料做装饰边，所印花卉反映出20世纪60年代“花之力量”的样式

第六章 服饰图案配色

从人的视觉认知过程来看，对服饰的综合理解可包含下列过程：服饰色彩→服饰图案→服饰款式→服饰质料→服饰制作工艺。

在一定的间距内，人的视觉对着装的第一感应是服饰的色相变化，再者是符号化的图案和纹样的不同程度的形的变化，然后是服饰的款式类别，最后具体判断服饰的质地、材料特征，以及制作技术的优劣。当然，这个过程并非绝对化。

上述几个要素中，服饰图案，以及所关联的服饰色彩，在服饰的综合概念中所占据的位置是显而易见的。色彩是服饰图案形象的重要组成部分，也是影响服饰整体色调，以至整个艺术效果的重要因素。服饰图案相对服装主体的从属性，其色彩处理的自由度是有限的。它受限于既定服装的设计意向和具体形式，顺应设计目标和形式而加以展开。（图6-1）

图6-1 作品名称：海纳百川（淡彩手绘；作者：邓雨晴）

第一节 服饰图案的色调

色彩包括三要素（色相、明度、纯度）和色性（即色彩的冷暖性）。色彩通过其三要素和色性，构成不同的色调。（图 6-2）

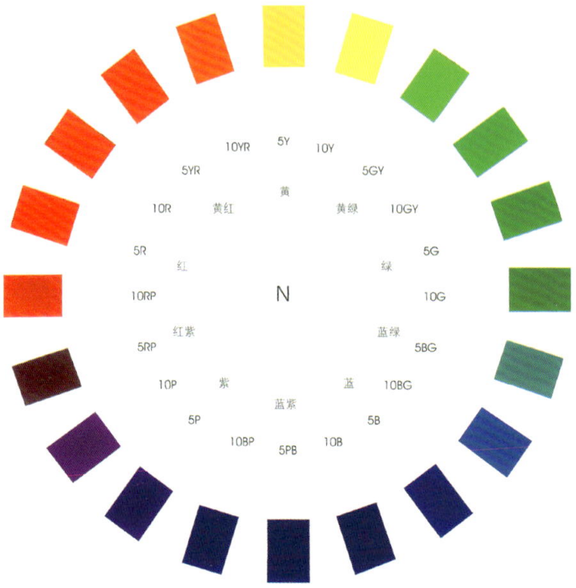

图6-2 24色色相环

一、从色相上分

1．同类色色调

同类色色调是指对同一色相进行加白或加黑，通过明度与纯度的改变所形成的色调。其色相主调十分明确，是极为协调、单纯的色调，属弱对比效果的色组，如黄色系、蓝绿色系等。

同类色色调因其色相纯，色彩效果一般极为协调、柔和，但也容易使画面显得平淡、单调。运用同类色时，应注意追求对比和变化，可加大明度和纯度的对比，使画面丰富起来。（图6-3）

2．类似色色调

色相环上相邻的2~3色为类似色，指色相环上90°以内的颜色，如红与橙、橙与黄、黄与绿、绿与蓝等组成的色调。类似色色调的色相对比不大，色彩倾向相似，色调统一和谐，感情特性一致，容易调和，显得安定、稳重，同时又不失活力，是一种恰到好处的配色类型。

图6-3 同类色簇叶角隅纹样

图6-4 类似色配色

图6-5 对比色配色1

图6-6 对比色配色（淡彩手绘；作者：江卓凡）

类似色色调属于弱对比效果的色组。这类服饰图案给人感觉柔和、和谐、雅致、文静，但也容易出现模糊、乏味、无力等缺点。因此，运用类似色设计图案时，必须通过调节明度差来加强效果。（图6-4）

3. 对比色色调

24色色相环中相距135°，或者彼此相隔八九个位数的两个色相，为对比色关系。其色相感鲜明，各色相互排斥，效果强烈、醒目、有力、活泼、丰富，但也因不易统一而让人感觉杂乱、刺激，易造成视觉疲劳。对比色色调属强对比效果的色组，一般需要采用多种调和手段来改善对比效果。（图6-5，图6-6）

4. 互补色色调

24色色相环中彼此相隔十二个位数，或者相距180°的两个色相，为互补色关系。

互补色组合是对比最强的色组，使人的视觉产生刺激、不安定的感觉。配色时，通过主色相与次色相的面积大小，或者分散形态的方法来缓和过于激烈的对比。

配置对比色时，可以采用以下手法使画面协调：

(1) 降低纯度

对比色在颜色纯度较高时，对比较强烈，如果将对比色的一方或几方的纯度降低，比如加入灰色，或将对比色以少量互调，可使色彩变得含蓄、温和，达到既变化丰富又和谐统一的效果。

(2) 面积的调整

对比色在面积较大而均等时，对比往往最为强烈，如果将一种对比色作为主色进行大面积使用，而其他对比色为辅色以少面积点缀，可以使对比减弱，达到统一。

也可以将对比色分割成较细小的面积并置使用，类似空混的手法，使色彩远看能混合成一体，从而达到统一。

(3) 无彩色的调和

在对比色配置中，运用黑、白、灰、金、银等光彩色，将对比色间隔开，是使对比色达到协调统一的极有效的手法。

二、从明度上分

两种以上色彩组合后，由于明度不同而形成的色彩对比效果，称为明度对比。它是色彩对比的一个重要方面，是决定色彩感觉是否明快、清晰、沉闷、柔和、强烈或朦胧的关键，其对比强度取决于色彩的明度等差色级数。根据明度对比的不同效果，色调可分为高明度色调、中明度色调和低明度色调。

1. 高明度色调

高明度色调是指以高明度色彩为主的色调。配色用高明度的纯色，或中、低明度的纯色加白或灰。这种色调可使画面产生明亮、轻快、柔和的色彩感觉。（图6-7）

2. 中明度色调

中明度色调是指以中明度色彩为主的色调，或在高、中、低明度色彩的配置下，图案呈中等明度的效果。这种配色可使画面产生和谐、含蓄的色彩感觉。（图6-8，图6-9）

3. 低明度色调

低明度色调是指明度和纯度均较低的色调。这种

图6-7 高明度色调配色

图6-8 中明度色调配色1

图6-9 中明度色调配色2

色调缺乏力度，容易产生沉闷的感觉，应配以少量的纯色或高明度的色彩，以增加整体图案的活力。

三、从纯度上分

两种以上色彩组合后，由于纯度不同而形成的色彩对比效果，称为纯度对比。它是色彩对比的另一个重要方面，但因其较为隐蔽、内在，容易被忽视。在服饰图案的色彩设计中，纯度对比是决定色调感觉华丽、高雅、古朴、粗俗、含蓄与否的关键，其对比强弱程度取决于色彩在纯度等差色标上的距离，距离越长，对比越强；反之，则对比越弱。纯度对比可分为高纯度色调与低纯度色调。

1. 高纯度色调

高纯度色调是指以纯度高的色彩为主的色调，画面有明快、鲜明、对比强烈的效果。

2. 低纯度色调

低纯度色调是指整个图案画面的色彩纯度较低，感觉沉稳、协调，但要注意明度的对比。

四、从色性上分

色彩的冷暖为色性，主要是指色彩结构在色相上所呈现的总印象。从色性上分，色调可分为冷色调与暖色调。图案配色要有主色调，或是暖色调，或是冷色调，不要平均对待各色。（图6–10，图6–11）

1. 冷色调

冷色调是指以色相环上的冷色区色彩为主的色调，图案画面让人感觉宁静、平和、神秘。进行此类设计时，可在不破坏冷色调的情况下加适量暖色，以增加色彩的丰富感。

2. 暖色调

暖色调是指以色相环上的暖色区色彩为主的色调，给人以热情、亮丽、充满活力的感觉.

服装图案色彩，不论怎样配置，不外乎两种形式：一种是调和，另一种是对比。这两种配色的关系是辩证、统一的。调和中存在一定程度的对比变化，同时，对比变化在不断地进行统一调和。

高彩度、高明度的冷暖对比配色，会给人热烈、欢快、华丽的感觉；中彩度、中明度的中差配色，会让人觉得温和，平衡纯度差异，高低色相纯度相互衬

图6–10 高纯度配色及应用（淡彩手绘：万物生长；作者：李婷婷）

图6–11 低纯度冷色调配色

托，才能使图案色彩达到宁静优雅的效果；低彩度、低明度的近似配色，则容易产生深不可测的神秘、庄重、优雅的效果。

第二节 服饰图案的配色方法

分析服饰图案配色的基本方法，要从图案的配色设计和服装的整体设计两个方面来考虑。常用配色方法有以下五种：

1. 衬托法

这是一种主题突出、宾主分明、层次丰富，形成一定程度的对比的方法。包括点线面的衬托、深浅明暗的衬托、长短大小的衬托、纹样沉浮的衬托、简繁的衬托、边缘主次的衬托、动静的衬托、地纹主次的衬托等。（图6-12，图6-13）

2. 呼应法

所谓色彩的呼应法，就是图案色彩构成采用近似色或服装不同部位的色块中都含有同一种色彩元素，使图案内部或不同色块间产生内在的联系，从而形成协调的方法。例如，裤子色彩可与上衣花边图案中的色彩呼应成趣。服饰图案的呼应手法又含有前后呼应、宾主呼应之意。色彩呼应要掌握好宾主、方向动态的有机联系和相互照应。（图6-14，图6-15）

3. 点缀法

色彩的点缀往往起着画龙点睛的作用，如在宁静的冷色调中点缀暖色调，会给人以明亮的感觉。形成一定程度的对比。（图6-16）

4. 缓冲法

此法是指通过增加互补色来缓冲单一色彩带给人的强刺激，减轻视觉疲劳，或通过加入缓冲色，即中间色，使图案整体色彩更趋柔和、协调，形成一定程度的协调的方法。

5. 色块拼接法

色块拼接配色方法能起到对比、调和作用。拼接的方法很多。例如，同种面料拼接、不同面料拼接等。（图6-17）

图6-12 衬托法1

图6-13 衬托法2

图6-14 呼应法1

图6-15 呼应法2

图6-16 点缀法

图6-17 色块拼接法

第七章 服饰图案设计表现

服饰图案的表现技法多种多样。在构思成熟以后，需要运用图案的表现手法，通过绘画工具的描绘或缝制加工的处理，使之成为可视的艺术形象。各种技法的表现力不尽相同，适用于不同服饰品的装饰需要。根据不同的形象、不同的服饰、不同的图案风格和不同的意图，选用相适应的表现技法，以达到较好的艺术效果。

图7-1 平涂法1

第一节 点线面结合的套色表现技法

点线面结合的套色表现技法是最常用的一类技法。一般是用水粉颜料调配出套色，先铺一个底色，然后将图案纹样转印到底色上，再用不同的颜色，一层一层地描绘覆盖上去，要求颜色涂染得均匀、干净、平整。描绘时可采用以下的方法：

一、平涂法

平涂法是将调好的色彩，均匀、平整地涂在已画好的图形内。调色时应注意颜料的浓度，太干则涂不开，太湿则涂不匀，颜料要浓淡均匀，否则会影响画面的效果。（图7-1~图7-3）

二、色线勾勒法

直接用线进行表现，或者在色块平涂的基础上，用色线勾勒纹样的轮廓结构，可以使画面更加协调、统一，纹样更清晰、精致。线条可以有各种形式的变化，如粗细、软硬、滑涩等。上色时，既可以不破坏线形，也可以有意地对线条进行似留非留、似盖非盖的顿挫处理，从而使线形更加富有变化。（图7-4）

三、点绘法

此方法是在大面积色块平涂的基础上，以点为主，用点的疏密点缀于画面中，使形体达到虚实、远近晕变的特殊变化效果。（图7-5）

四、推移法

按照一定的明度系列或色相系列的渐变调配颜料，并把图案纹样分成等量或等比的阶段，将渐变的颜色系列，顺序填入纹样，形成色阶变化。推移法画出的图案十分和谐，富有韵律感。（图7-6）

这种方法主要分为单色推移、色相推移、冷暖推移和纯度推移等。

图7-2 平涂法2（作者：刘君宏；指导教师：吴蓉）

图7-3 平涂法3

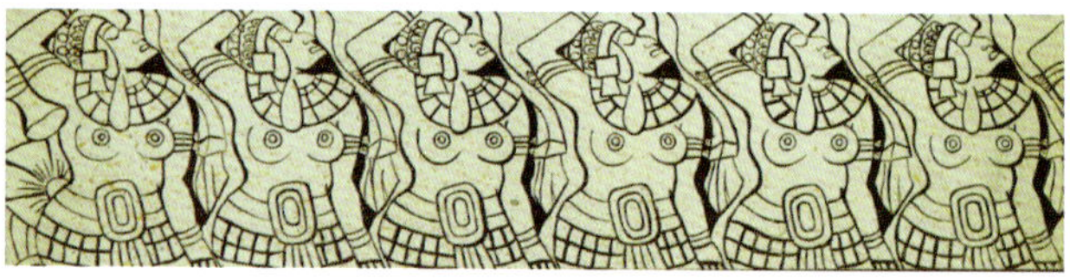

图7-4 色线勾勒法

图7-5 点绘法

图7-6 推移法

图7-7 水渍斑痕法1
先在纸张上做水渍斑痕肌理，然后勾勒荷花。

图7-8 水渍斑痕法2
先在纸张上做水渍斑痕肌理，然后勾勒小鱼。

图7-9 电脑制作的水渍斑痕效果

第二节 干湿结合的混色表现技法

混色与套色的不同点，在于对画面的颜色有意识地进行不均匀的处理，产生了浓淡、深浅、薄厚、粗糙与细腻等多重变化，使图案的色彩效果更加奇妙、丰富。颜料干湿、薄厚的运用是这类技法的主要特点。混色法有以下几种手段：

一、水渍斑痕法

水渍斑痕技法的种类多样，可用水彩、油质颜料制作。例如将水彩纸在水中浸泡数分钟后，用笔或其他工具使颜色黏着在画纸上时，拿起画板，使其向不同方向倾斜而进行脱水。这时一部分色彩已经牢固地黏在画面上，没有被黏住的部分则被水带走，自然形成丰富的肌理，反复操作会出现精彩的斑痕。或者用水粉在纸上刷一片底色，等其干后，用清水点上，水干后则自然形成边缘深、中间浅的斑痕肌理效果。（图7-7~图7-10）

图7-10 先用水渍斑痕法制作包的底色，然后勾勒图案

图7-11 用硬棕毛刷在面料上进行刮蹭

图7-12 刮割法

图7-13 撇丝法

二、刮割法

刮割法是利用某种硬物、尖状物或刀状物，刮割画面，使其产生特殊效果的一种方法。如对石刻纹样进行处理或表现时，常常采用尖状物，沿纸张纹理适当刮划，能表现出石刻纹样的坚硬、真实感。由于刮割法对纸张有损害，运用此法时，需考虑刮割的深度和纸张的质地与厚度，避免划破纸张。（图7-11，图7-12）

三、撇丝法

指用毛笔醮好颜料，将笔头分成几小撮来绘制图案的特殊用笔技法。采用此法时，笔头的分撮与图案面积的大小，以及线条的长短、粗细的关系密切。（图7-13）

图7-14 牛仔布拓印（模特：岳方方）

第三节 与其他材料、工具结合的特殊表现技法

在服饰图案的设计表现中，使用不同的材料、工具，会产生不同的特殊效果。这里介绍几种常用的工具、材料和技法。

一、拓印法

利用各种媒介物制作成各种原版，将其纹理结构拓印在纸上。例如用揉皱的纸张蘸取颜料，在纸上拓印；在废旧的纱网或干枯树叶上涂刷颜色，使之成为原版，以获得特殊的肌理效果。（图7–14~图7–16）

二、喷绘法

采用特制喷笔绘出具有渲染、柔润效果的装饰造型手法，特点是层次分明、制作精致、肌理细腻，给人以清新悦目、精工细作的美感。

选用此法时，一般多采用根据图案外形进行刻形遮挡喷绘的方式，如此最易取得画面的上好效果。

喷绘法可使用专门的喷笔，效果细腻柔和，变化微妙；也可以使用牙刷等有弹性的刷子，将颜料蘸到刷子上，再用手指弹拨，将颜料弹到画面上，通过手指的力度控制喷点的精细度和密度，可产生一种喷洒的肌理效果。在喷绘时，要制作一些纸模板，将不喷色的部分沿纹样轮廓遮挡起来，然后一遍遍、一层层地喷绘，直到效果满意为止。（图7–17~图7–19）

图7–15 拓印法1
将刻好的图案用铅笔进行拓印，产生特殊的肌理效果。

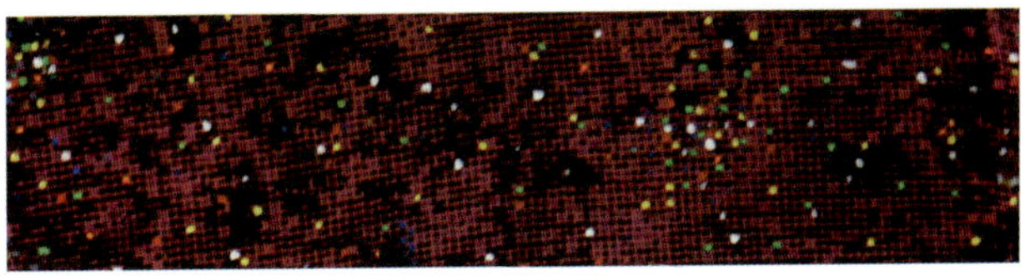

图7–16 拓印法2
用纱网蘸上颜料，在底色上进行拓印。

图7–17 喷绘法

图7–18 喷绘之前进行刻形遮挡（作者：龚传涛）

图7–19 刻形喷绘法

三、点醮法

此法是在涂好底色的画面上，以海绵、皱纸团、粗纹布等吸色性较强的材料，点醮颜料，按画面的需要进行点印、修饰。依靠用力的轻重来控制颜色的浓淡层次，可产生画笔无法绘制的纹理效果。点醮法使用的颜料不宜太湿、太稀，而且不宜大面积运用。

如需多层点印，要待第一层颜料干，再进行下一层的操作。这种方法可以获得色彩斑斓的画面效果。（图7–20，图7–21）

图7–20 点醮法

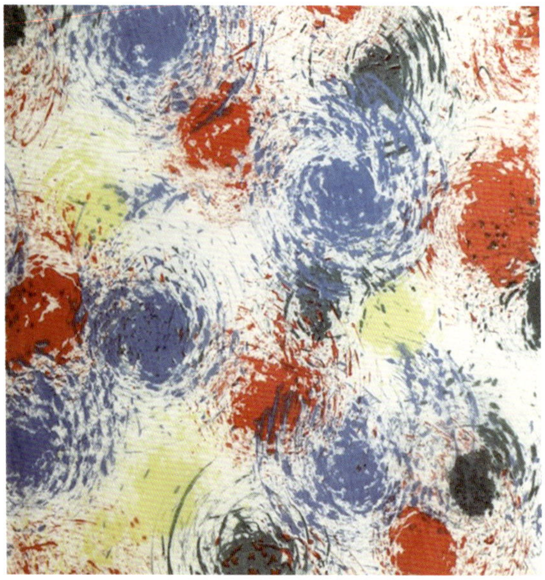

图7–21 将揉皱的硬纸团进行点醮

四、遮挡法

通过遮挡的方法，使画面在受色的同时留出空白，造就一种色彩与空白相间的肌理构成形式。一般来说，所留空白只作为画面肌理的构成元素之一，有时也可以在所留空白处再做其他形式的艺术处理，使之具有另一种构成元素面貌特征。两者不同的是，前者所留空白直接作用于视知觉，后者所留空白经改造后间接作用于视知觉。遮挡法的手段很多，如矾水遮挡、渍蜡遮挡、油彩遮挡（包括蜡笔、油画棒等）。

五、拼贴法

拼贴法是构成肌理的主要方法之一。拼贴的材料自身往往是具有某种肌理效果的现有平面物品，如以文字为主要构成肌理面貌的报纸、图片等印刷品或复制品，及各种具有印花、提花效果的织物、线、绳等。“贴”属于“后期制作”，粘贴的方法和黏合剂的选用将决定最终的效果。粘贴时，有的需要平贴，有的则需要皱贴，皱贴时还可根据需要形成不同的纹理走向、折皱效果。黏合剂有透明和不透明、软质和硬质之分，须根据拼贴的材料进行适当的选择。

在拼贴法中，层压法的运用会使设计变得更为丰富多彩。运用透明材料与各种肌理拓片、羽毛、彩线、纸条巧妙分层拼贴，可以获得生动有趣的画面效果。（图7–22）

图7–22 拼贴法与喷绘法的结合

第四节 综合材料技法

综合材料技法一般被看作是20世纪特有的一种艺术形式，但在整个人类艺术史中，综合了各种普通和稀有材料的类似作品早有出现。这里的综合材料技法，是指在同一画面上运用不同材料和技法进行创作的方法，是一种将性质相似和不相似材料，运用各种技法综合在一起的艺术尝试。综合不同材料已成为当代艺术实践的一个共同特点，在服饰品的设计中被广泛运用。综合材料技法的运用可以使设计更具想像力，使过去经常使用的材料具有新的活力。（图7-23~图7-25）

图7-23 配饰与服饰面料的绿色设计

材料：废木块、模压木头、粗糙的大麻编织绳、竹子和软木聚合在一起，环保工业的自然主义、艺术和手工艺，以及替代品。

图7-24 礼服设计

材质：树叶。

图7-25 牛仔服饰图案设计

材料：边角料和二手材料的拼贴组合，石洗和做旧处理的牛仔面料。将原材料水洗、再水洗，改变着人们的观念。

第五节 计算机辅助设计服饰图案的表现方式

一、电脑绘制面料图案

利用Coreldraw或者Illustrator软件，绘制面料散点元素矢量图。（图7-26~图7-29）

图7-26 利用Coreldraw或者Illustrator软件绘制矢量图案元素

图7-27 各种矢量图案元素可以作为素材储存备用

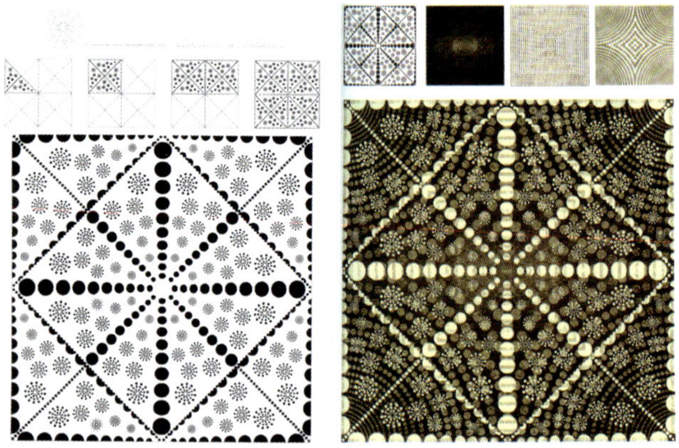

图7-28 绘制好的矢量图形有不同的组合方法，可以与各种底纹结合

图7-29 不同的组合方式变化出多种面料图案设计

二、电脑绘制服饰图案效果图

Photoshop是电脑服装画的常用软件，这里介绍利用正片叠底状态的方法，在日常的学习与工作中很实用。（图7–30~图7–34）

1. 手绘轮廓图

① 先在白纸上手绘轮廓图。注意，只要线描，不要涂调子。线描的手法可以根据个人的喜好选择，采用粗线或细线，也可以单线描。

② 把轮廓图扫描后输入电脑。扫描时，需注意分辨率设为“300像素／英寸”，以备今后打印。

③ 将轮廓图层复制一层，原来的一层则填充白色，复制层命名为“轮廓线层”。

④ 对“轮廓线层”调整亮度、对比度(菜单→编辑→调整→亮度、对比度)，调至底色呈白色、线呈黑色即可。

⑤ 用魔术棒点击“轮廓线层”的白色部分，然后右击“选取相似”，选取所有的白色，并清除。这样，最后电脑里只有轮廓线，其他部位是透明的。在后续的做图时，要求把“轮廓线层”放在最上层，而且始终放在最上层；或者直接点击正片叠底状态，线条可以始终显示在最上层。

2. 选取选区

① 把图片放大，用路径工具（钢笔），将人物的各个部分分别准确地勾画出来（a. 上衣部分；b. 下衣部分；c. 皮肤部分；d. 配饰部分；e. 头发部分），可以根据需要分得更细，然后把路径变换成选区进行储存。也可以利用套索工具。

② 画出选区是为了后面的多次修改。画选区时，利用路径工具可以做得比较细致。

3. 填充皮肤色

① 新建一层，将此图层命名为“皮肤层”，在这一层载入人体部分的选区，将选区羽化3个像素，然后选取前景色作为人体皮肤色。

② 在这一层，用前景色进行填充，使所有的皮肤部位具有颜色，然后利用加深和减淡工具，画出皮肤的明暗关系（用素描的技法）。利用正片叠底状态，将皮肤色与轮廓线融合。如果对所上的颜色不满意，可以调节该层的透明度，直到满意为止。

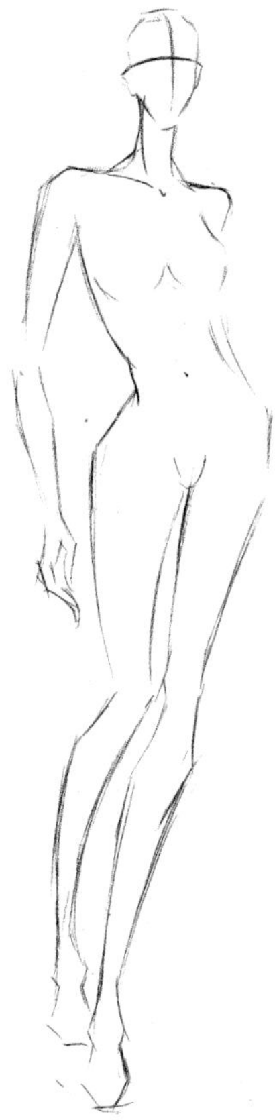

图7–30 手绘轮廓图

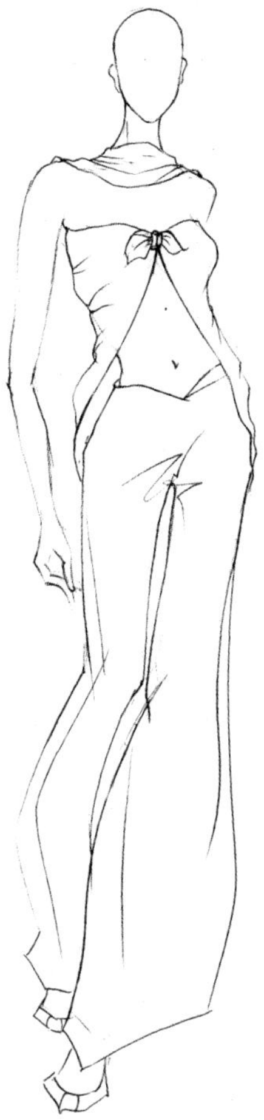

图7–31 绘制服饰，选取需要填充色彩和图案的选区

4. 填充面料图案

① 新建一层后，通过菜单→选择→载入选区，把衣服的选区载入，羽化2个像素，然后填充图案，利用正片叠底状态，将图案与衣服的线条结合起来。

② 用减淡、加深工具或毛笔、橡皮(调节透明度)调整胸部、衣纹的明暗关系和高光。

③ 最后处理背景，可以扫描一幅照片作为背景，也可以自己填充，再利用滤镜处理。

图7-32 填充皮肤色

图7-33 填充面料图案
（作者：吴蓉）

图7-34 面料图案

三、电脑绘制服饰画步骤详例

1. 首先，打开photoshop，新建一个透明图层，勾勒人体结构草图

2. 调节草图图层的透明度，透明度过高会影响后面的描线

3. 再新建一个透明图层，选择画笔工具，选择比较尖锐的5号笔，在草图基础上勾画外轮廓

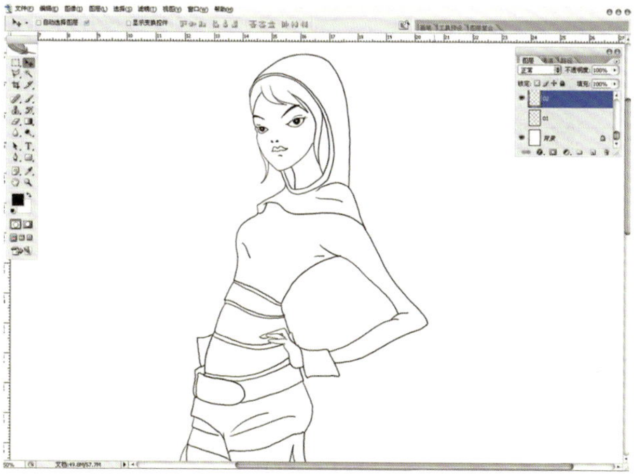

4. 外轮廓必须是闭合的，这样方便于后面的魔棒选取

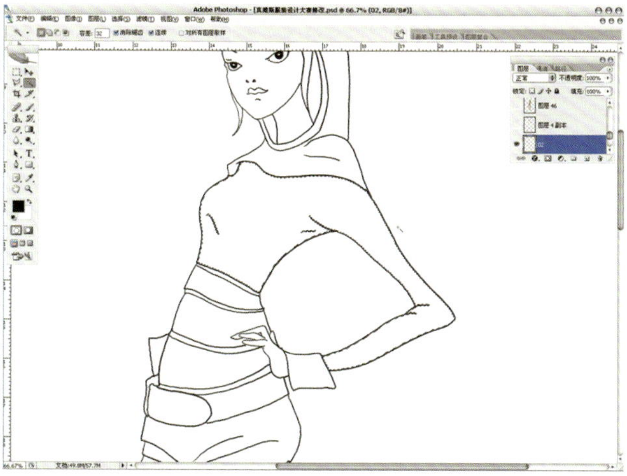

5. 选取魔棒，检查是否断框

6. 设置背景色，尽量拉开与自己想绘制的服装颜色的偏差，有利于后面观察校色

7. 选择图层02线框图，选择外轮廓，然后反选到内部，进行颜色填充

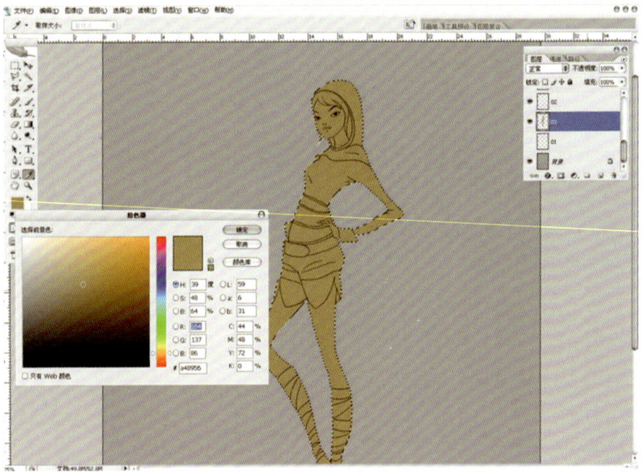

8. 新建一个图层填充颜色，注意不要在线框图层中填充颜色

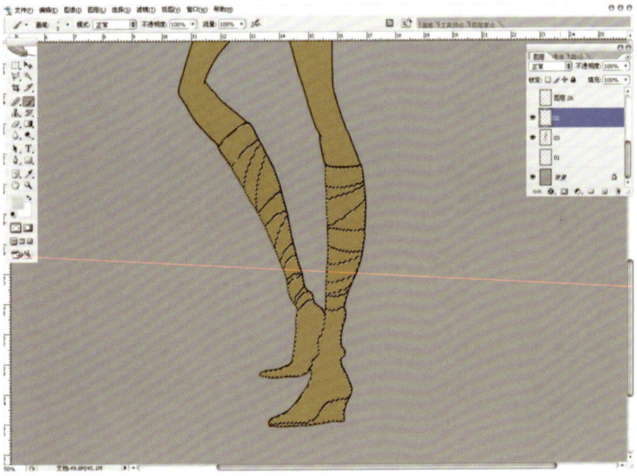

9. 服装上色，首先在图层02线框图中选择要上色的部分

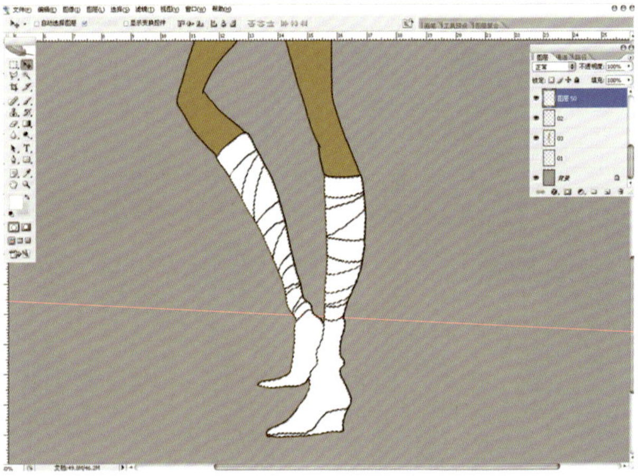

10. 然后填充颜色（快捷键为ALT+Delete）

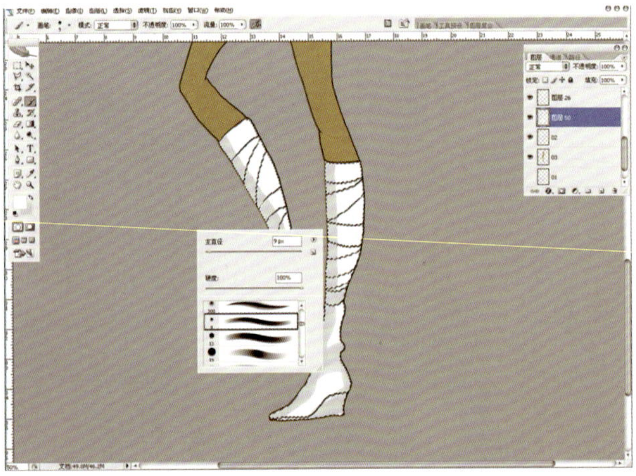

11. 选择画笔进行暗部处理。这时候的画笔不要像画外轮廓时那样硬，可以选择喷枪硬边圆形9号画笔，较适合绘制服饰的暗部结构

12. 图案处理，首先找到一张服饰图案图片，将它拖到画好的图层中

13. 这时，因为花纹在线框图上，难以看清服装的结构 ，所以需要调节花纹图层的透明度，在半透明的状态下调整到最佳位置

14. 在图层02线框图中选择服装部分，然后选择反向

15. 然后选择到图案图层，把透明图调节正常

16. 按“Delete”键删除，可以得到一个有服装结构的图层

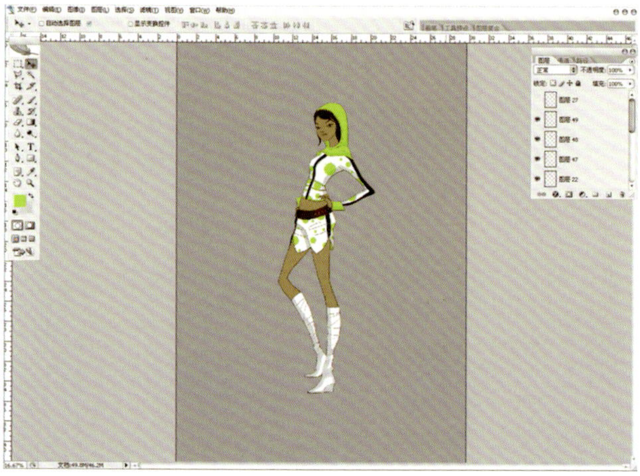

17. 根据前面所述，在线框图中用魔棒选取，然后新建图层，填色处理其他部分。注意不要混淆图层，同时要注意绘制明暗关系

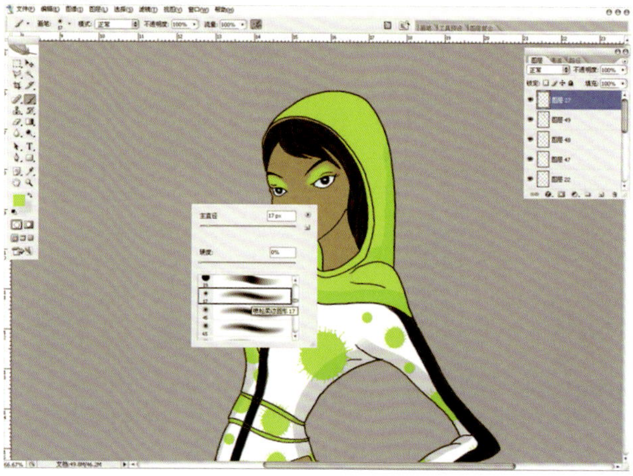

18. 面部妆容绘制，新建一个图层，选择喷枪柔边圆形17号笔，适合绘制面部腮红、眼影等

19. 面部妆容绘制

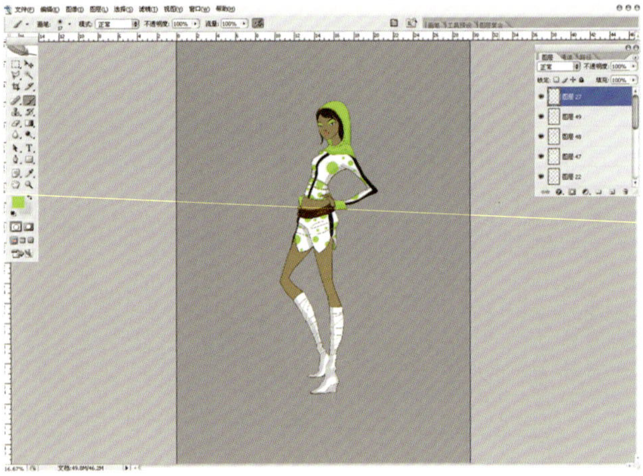

20. 整体效果

21. 组合效果（作者：马燕兵）

第八章 服饰图案设计实践

一 、系列图案设计案例

题目：春夏/秋冬服饰面料图案设计——系列图案设计

设计要求：图案设计主题不限，根据所定主题设计系列图案，四幅为一个系列。图案表现技法不限，风格自定，色调统一。

案例展示：

1. 消磨系列（图8-1）
2. 繁系列（图8-2）
3. 记忆之墙系列（图8-3）
4. 几何系列（图8-4）
5. 寻梦系列（图8-5）
6. 生机系列（图8-6）

设计说明：消磨系列运用拓印法和刮蹭法产生斑驳的肌理感，仿佛时光留下的印记，以中低明度色调为主，选用类似色。如第一幅选用暗橙色为主色调，而大面积的暗色从左上角压下，如同时光的流逝一般。

图8-1 消磨系列（作者：麻温凡、朱毅豪、吴金倩）

设计说明：繁系列以“花”为灵感来源，运用油画笔在面料上进行刮蹭创造肌理底纹，以中高明度的类似色手绘，色调统一和谐，同时富于变化。

图8-2 繁系列（作者：万敏）

设计说明：记忆之墙系列的灵感来源于童年美好的回忆。儿时记忆中的瓷砖与繁复的花纹结合，在有限的空间里创造无限的记忆。运用点蘸法、勾线法，以高明度浊色调塑造出瓷砖的岁月感。精致繁复的花纹让记忆之墙更加美好、生动。

图8-3记忆之墙系列（作者：李从慧）

设计说明：几何系列以几何图形为主要元素，运用平涂法、喷绘法、点蘸法表现都市夜景从繁忙归于宁静的感觉。

图8-4 几何系列（作者：王娟）

设计说明：寻梦系列以蓝色为主色调，突出梦的主题。主要采用同类色搭配，以破碎的青花瓷为元素，进行重构、拼贴，表现出寻梦人对美好梦境的向往。运用刮蹭法、拼贴法塑造出梦境般的朦胧美感。

图8-5 寻梦系列（作者：徐露、党书敏）

设计说明：生机系列主要运用拓印法，选用竹叶、桃花、银杏叶和枫叶四种植物进行拓印，给人一种生机勃勃、积极向上的感受。选用中高纯度色调，运用同类色或类似色，通过调节色彩明度差加强画面效果。

图8-6 生机系列（作者：尹峰）

二、"中国领带名城"杯国际丝品花型设计大赛图案设计案例

题目：以"包容"为主题，进行丝品花型设计

设计要求：

1. 设计稿应围绕主题，抓住服饰产品包含万物、有容乃大的特点，体现服饰时尚特色。对领带、丝巾进行图案设计，以手绘技法为主。

2. 画稿尺寸要求：尺寸不得大于52厘米×35厘米，设计者根据领带、丝巾等不同类别的设计需要，在该尺寸范围内进行图案设计。

案例展示：

1. 领带作品优秀案例（图8–7~图8~15）

图8–7 作品名称：童话

图8–8 作品名称：时间

图8–9作品名称：埃及印象

图8–10 作品名称：寥·星

图8–11 作品名称：京韵

图8–12 作品名称：银杏叶

图8–13 作品名称：遗失的部落

图8–14 作品名称：森林狂想

图8–15 作品名称：Morning

2. 丝巾作品优秀案例（图8-16~图8~21）

图8-16 作品名称：鹦歌

图8-17 作品名称：迷戏

图8-18 作品名称：绿野迷踪

图8-19 作品名称：斑斓

图8-20 作品名称：迷礁

图8-21 作品名称：胭脂

三、服饰图案设计应用案例

题目： 以“记忆”为主题进行服饰图案设计

设计要求：

1. 根据主题进行印花图案设计，面料以棉麻、雪纺等为主。

2. 面料组织结构、表现技法、套色数量不限。

案例展示： 图8-22~图8~25。

图8-22 作品名称：徽州印象（作者：崔宇晨）

图8-23 作品名称：雀舞倾城（作者：张雪薇）

设计说明：“徽州印象”图案的灵感来源于徽州传统元素，利用银锁、铃铛、盘扣等徽州传统饰物为主要题材设计而成。将此图案用于女装设计，如大面积或局部使用，都表明徽州传统元素应用在现代女装设计中可达到良好的效果。

设计说明：“雀舞倾城”以孔雀为主体图案，并将各种类型的花草纹填充于孔雀图案中，柔顺的线条体现出雀舞的灵动，周围添加的百鸟纹和时钟图案则增加了一丝梦幻色彩，各种元素相互融合统一。将此图案应用于女装，如印花满地裙，色调以梦幻的蓝紫色为主，服装整体展现出女性的柔美。

图8-24 作品名称：城市空间（作者：姚婷）

设计说明：“城市空间”图案是将原始的几何图形、人物进行解构并重组而成。看似零碎的图案，经过再组合，整幅画面主题突出、协调统一。运用彩铅手绘技法，画面呈中明度色调，用色明快。

设计说明：“城市之间”图案设计以城市建筑为主体图案，融入城市中的人和环境因素，周围点缀关于情绪的抽象图案，城市中的多种元素构成和谐的画面，并通过不同的色调表现出城市生活的多样及人的不同情绪。

图8-25 作品名称：城市之间（作者：音乐莲）

第九章 服饰图案与流行趋势

图9-1 面料与款式主题板（主题名称：折衷主义）

此主题主要是混合，将抽象图案、条纹、格子、像素化图案、几何图形揉合在一起。

第一节 流行趋势的预测

流行趋势是指一个时期内，社会或某一群体中广泛流传的生活方式，是一个时代的表达。它是在一定的历史时期，由一定数量的人，受某种意识的驱使，以模仿为媒介而普遍采用某种生活行为、生活方式或观念意识时所形成的社会现象。

流行趋势预测行业常被看作是纺织服装行业的支柱。设计师和销售商是预测信息的使用者，他们将流行趋势信息作为灵感来源的一部分，来预测和分析自己公司的市场情况。

一、流行趋势的周期

色彩的预测一般提前24个月，纤维的预测一般提前18个月，面料的预测一般提前12个月，款式设计的预测通常提前6～12个月，零售业的预测一般提前3～6个月，目前，流行预测的趋向是快速、准确。

流行趋势的周期通常要经历始发、成长、高潮、消退几个阶段。

始发期——新的流行元素萌芽期，往往是由少数的弄潮者带动新流行的产生；

成长期——一部分人被新的潮流所吸引，加入其中，使流行的队伍不断壮大和成熟；

高潮期——多数人已接受这种流行，自觉或不自觉地置身其中，使流行达到顶峰，高潮期一般为1~2年；

消退期——当绝大多数人穿用现有的流行元素时，人们渐渐产生厌倦和乏味的心理，又去追求和寻找新的流行。

在英文中，“流行”一词对应不同的周期，有着不同的翻译。如：Fashion，广泛普及且相对长期的流行；Vogue，指人气鼎盛的广泛流行；Fad，指短期的小规模流行；Craze，短期的狂热流行。（图9–1~图9–7）

二、流行趋势预测的方法

1. 问卷调查法

问卷调查法也称为“书面调查法”，或称为“填表法”。此法通过向调查者发出简明扼要的征询单(表)，请他们填写对有关问题的意见和建议，间接获得材料和信息。

问卷上的问题设计水平（问题数量、是否言简意赅、是否紧扣题意），以及答题者的人数、年龄、教育程度、社会地位、从事工作等，都会影响结论。若处理不善，反而会形成误导。

2. 总结规律法

根据一定的流行规律推断出预测结果的方法。某些流行预测机构参照历年来的流行情况，结合流行规律，从众多的流行提案中总结出下一季的预测结果。此法比问卷调查法省力，但有更多的主观性。流行预测机构往往组织很多学识卓越的流行专家共同分析，以期得出理想的最终结果。

3. 经验直觉法

凭借个人积累的关于流行的经验，对新的流行做出判断。这种方法需要预测人员具有灵性的直觉和丰富的经验。

图9–2 春夏女装潮流预测主题：成三角形

图9–3 春夏女装潮流预测主题：格纹

图9–4 春夏女童装主题：花卉大全

图9-5 作品名称：借形想象（作者：何永梅）

预测者在流行预测的过程中需要三项技能：认知、观察与直觉。它们具有明显的主观性。也包括一些实际的技能方法，如对于分析、评估和数据的深入研究。这些技能贯穿于整个预测过程，包含多方面信息的积累，包括平时对商业街、商店的观察，对已过时的服装的留意，对社会政治的发展、经济循环的关注等。这些信息大多来自视觉上的观察，并被储存在记忆中，日后作为分析和研究的资料，在流行趋势的预测过程中使用。

流行趋势预测包含两个基本方面：一个是科学性的、客观的一面；另一个是主观性的、直觉的一面。直觉力、判断力与相关知识被储存在有意识和无意识之中；而科学因素则更多地应用于分析的过程。预测者本身更愿意将预测过程看作是一种具有艺术天赋的工作，这促成了流行预测的神秘气息，保证了趋势预测行业的垄断性和专属性特征。

三、流行资讯来源

① 趋势预测手稿，由国外权威趋势机构发布，一般提前1~2年发布。对设计师来说，主要在商品企划时作为参考使用；

② 国际几大时装周、大牌发布会出版的专业杂志，主要在产品开发中起验证作用；

③ 市场热卖产品制作的照片集，主要起总结作用；

④ 各种消费类时尚杂志；

⑤ 相关网站发布的流行资讯。

图9-6 绘有印象派图案的服饰

图9-7 印象派画家梵高的作品《星空》

图9-8 拼接图案

图9-9 海洋风格图案

第二节 服饰图案流行趋势预测

一、形成服饰图案流行的风格化因素

1. 经典的流行图案

在服饰图案的流行中，有许多被称为经典的图案，不管流行如何变幻，它们总是为设计师所青睐，成为纺织品中应用极为广泛的基本图案。例如几何图案，因其单纯、明朗、富于装饰性的特征，从古至今，一直深受人们的喜爱。不同时代、不同地域、不同民族赋予几何图案不同的内涵与个性。以直线分割的块面图形，刚毅、俊朗；以弧线作为构架的图形，柔和、优雅；应用点、线、面和直线、弧线交叉使用的图案，变化丰富；大块面的图案，强调醒目的视觉效果，热烈奔放；边缘装饰的几何图案，起延续视觉的效果，也可作为一个局部点，与大面积图案相呼应，形成层次丰富、变化多样的图案效果。

2. 流行的艺术思潮产生流行的服饰图案

一直以来，各种艺术风潮对服饰图案的影响非常大，尤其近一个世纪以来，西方美术史所出现的各种思潮、流派，几乎都通过服饰材料、印花图案的风格反映出来。新艺术风格的动感曲线纹样、印象派美术的抽象几何纹样、波普艺术的通俗漫画图案、欧普艺术的视错幻想纹样、包豪斯风格的平面构成纹样，以及野兽派写意风格的纹样等，构成了同时代服装的流行图案，有些甚至成为时代的标志，在时装舞台上反复地出现，成为重要的流行服饰图案。

3. 地域民族风情的流行图案

在现代服装设计中，许多服装设计大师都在不断地挖掘不同地域、不同文化和不同民族的纹饰，将它们在流行服装中进行时尚的演绎，一次次地掀起民族风潮的流行。其中有原始质朴的非洲图腾、富丽精美的印度纹饰、带有神秘面纱的埃及纹样，以及富有东方神韵的中国图案，还有多姿多彩的夏威夷风情、阿拉伯风情。传统民族图案以时装为载体，跨越时空，成为时尚的流行语言，真正体现了民族性和世界性的交融。（图9-8~图9-9）

二、春夏女装各大品牌发布的图案流行趋势分析

1. 20世纪40年代风格图案

Anna Sui品牌大力支持20世纪40年代风格的印花，Proenza Schouler品牌也紧随其后。这些印花图案令人回想起40年代标志性的复古人造丝连衣裙款式上的印花。窄裙套装、小圆头高跟鞋，都是40年代风格的重点，别具优雅。（图9–10）

图9–10 20世纪40年代风格图案

2. 20世纪50年代风格图案

Prada品牌将50年代风格运用得得心应手，打造出包括汽车和火焰在内的50年代主题图案，面料精致而颇具怀旧感。具有 50 年代潮流趋势的怪诞随性风格印花，拥有寻常的图案、时髦幽默的曲线，具有复古风的粉蜡笔色彩基底，或是在黑与白或黑与亮色的基底上重复引入注目的图案。另外，还包括热带植物、蔬菜、水果等充满生活气息的印花图案。（图9-11）

图9-11 20世纪50年代风格图案

3. 非洲风格图案

国际设计师们从自己的旅行中获取灵感，打造出形象的非洲风格图案。满地的民族风格印花占主导地位，其中以非洲部落风格的印花图案最为普遍。我们在各式各样的现代女装中都能见到这一装饰性图案。几何图形是这一趋势中不可缺少的主要图案，传统的色彩（如芥末黄色、暗红橙色和黑色）是关键。（图9-12）

图9-12 非洲风格图案

4. 云雾图案

朦胧的云雾图案依然是比较抢眼的元素，为款式添加表面视觉效果和趣味。（图9-13）

图9-13 云雾图案

5. 鸟类图案

鸟类图案在伦敦发布会上大放光彩，如Giles品牌设计的天鹅图案和Jacob Kimmie品牌打造的鸽子图案。在巴黎发布会上，Ingrid Vlasov品牌采用了鹦鹉图案。（图9-14）

图9-14 鸟类图案

6. 迷彩图案

迷彩图案在Tommy品牌系列中最为突出，和谐的迷彩图案和有趣的形状相结合。Nicholas K品牌则创新地采用了扎染效果的迷彩图案。（图9-15）

图9-15 迷彩图案

7. 装饰艺术图案

20世纪20年代风格的盛行，带来装饰艺术主题设计的图案。此系列女装发布中可以看到典型的20年代轮廓，以及奢华的装饰艺术风格，将低腰设计与直筒裙样式相结合。这种造型是连衣裙艺术化的绝佳手段。在图案的表现上，如用明亮的橙色或海藻绿色调打造拼色效果，或用各种亮色组合形成条纹效果，或以几何形镶拼与平直的轮廓打造“单纯化效果”，金银锦缎是主要的面料。（图9-16）

图9-16 装饰艺术图案

8. 埃及风格图案

作为最新颖的图案趋势之一的埃及风格图案，洋溢出新型的民族气质，令人为之兴奋，Topshop品牌系列毫无保留地采用了这一主题图案。（图9–17）

图9–17 埃及风格图案

9. 中国传统图案

中国传统图案常常成为现代服装设计的精华，如代表性的团花、牡丹、缠枝花、龙凤和汉字等。设计师通过刺绣、印染、手绘、贴绣、编织等工艺，把这些图案装饰在各种服饰和配件上。（图9–18）

图9–18 中国传统图案

10. 印象主义图案

设计师们从印象主义派的艺术家身上获取灵感，打造出充满印象主义派风格气息的图案，如Rodarte品牌的春夏系列融入了梵高的油画元素。（图9-19）

图9-19 印象主义图案

11. 混合豹纹图案

尽管豹纹印花呈现出逐渐消失的状态，但这并不能抹杀它深受米兰设计师钟爱的事实。豹纹图案通常和其他图案混合使用，打造出焕然一新的感觉。（图9-20）

图9-20 混合豹纹图案

12. 童心未泯图案

童心未泯风格一向深受伦敦设计师的喜爱，Meadham Kirchhoff系列将这一趋势发挥得淋漓尽致。（图9-21）

图9-21 童心未泯图案

13. 摩洛哥风格瓷砖图案

Jonathan Saunders品牌采用时尚的摩洛哥风格瓷砖印花，并将其应用在大部分的系列发布中。摩洛哥主要承袭罗马文化，这一地区出产色彩鲜艳的瓷砖，其风格迥异的独特造型、眼花缭乱的鲜艳色彩、精雕细刻的几何图案装饰，它们构成了典型的摩洛哥风格。（图9-22）

图9-22 摩洛哥风格瓷砖图案

14. 海洋风格图案

海洋风格属于生态主义设计范畴，是近年兴起的，由环境问题引发的，为当前设计领域广泛关注。来自大自然的装饰元素，尽显海滨假日风情，形状各异的海螺、海星、贝壳、珊瑚等装饰搭配在一起，色彩丰富而自然，把大海的万种风情表达得巧妙淋漓。（图9–23）

图9–23 海洋风格图案

15. 佩兹利涡旋纹

独享佩兹利涡旋纹印花设计的Jil Sander品牌，为春夏打造出一系列不同组合效果的满地佩兹利涡旋纹印花。（图9–24）

图9–24 佩兹利涡旋纹

16. 波普色调花朵图案

Ashish和Peter Pilotto两大品牌带来另类怪异的大循环波普色调花朵图案。极致夸张的波普色彩，以其强饱和度的色彩，装饰感强烈，展示了浓重的个人主义风格。波普风格的色彩搭配，个性、轻松、亮丽、简单。（图9-25）

图9-25 波普色调花朵图案

17. 热带风格图案

鲜艳的热带风格图案被混合在一起，成为春夏热门款式，加上采用柔和的色调，如水粉纯色，配合迷幻几何图案等，洋溢出老电影中的收腰风衣、沙漏套裙等20世纪50年代的风格气质。（图9-26）

图9-26 热带风格图案

18. 夏威夷风格图案

以扶桑花、椰子树为主纹样，以龟背叶、羊齿草等热带植物和海洋生物，以及沙滩、海洋风光、生活景物为背景纹样，点缀土著语“Aloha”与其他英语单词，构成夏威夷图案。自20世纪中后期开始流行于世界各地，图案以大花型、勾线平涂、泥点晕染、色彩浓烈对比等手法表现，呈现出鲜明强烈的艺术个性。（图9-27）

图9-27 夏威夷风格图案

参考文献

[1] [英]迈克尔・汉恩, 李晓君, 钟宏. 英国利兹大学藏中国纺织服饰文物研究[M]. 上海: 东华大学出版社, 2022.

[2] 李雨来, 李玉芳. 明清织物[M] . 2版. 上海: 东华大学出版社, 2020.

[3] [英] Jennifer Harris. 5000 Years of Textiles[M] . London: British Museum Press, 2010.

[4] 田自秉, 吴淑生, 田青. 中国纹样史[M]. 北京: 高等教育出版社，2003.

[5] FASHION IS NOT ALL [M]. 深圳: 深圳艺力文化发展公司，2010.

[6] [日]城一夫. 西方染织纹样史[M]. 孙基亮, 译. 北京. 中国纺织出版社，2001.

[7] 何政广. 杜飞(描绘光与色大师) [M]. 石家庄: 河北教育出版社, 1998.

[8] 周李钧. 现代绣花图案设计[M]. 北京: 中国纺织出版社, 2008.

[9] 陆小彪, 钱安明. 设计思维与方法[M]. 南京: 江苏凤凰美术出版社出版社, 2018.

[10] 梁惠娥. 汉族民族服饰文化[M]. 北京: 中国纺织出版社, 2018.

[11] 张庆. 楚国纹样研究[M]. 武汉: 湖北人民出版社, 2018.

[12] [英]克莱夫・爱德华兹. 如何读懂图案[M]. 王善江, 曹盈, 译. 沈阳: 辽宁科学技术出版社, 2018.

[13] 钱小萍. 中国织锦大全（汉英对照）[M]. 南京: 南京出版社, 2019.

[14] 卞向阳, 崔荣荣, 张竞琼, 等. 从古到今的中国服饰文明[M]. 上海: 东华大学出版社, 2018.